Strube · Georg Ernst Stahl

1 Georg Ernst Stahl
(1659–1734)

Biographien
hervorragender Naturwissenschaftler,
Techniker und Mediziner Band 76

Georg Ernst Stahl

Dr. sc. nat. Irene Strube, Leipzig

Mit 14 Abbildungen

Springer Fachmedien Wiesbaden GmbH

Herausgegeben von
D. Goetz (Potsdam), I. Jahn (Berlin), E. Wächtler (Freiberg),
H. Wußing (Leipzig)
Verantwortlicher Herausgeber: E. Wächtler

ISBN 978-3-322-00629-5 ISBN 978-3-322-94557-0 (eBook)
DOI 10.1007/978-3-322-94557-0

Ursprünglich erschienen bei BSB B. G. Teubner Verlagsgesellschaft, Leipzig 1984
1. Auflage
VLN 294-375/64/84 · LSV 1208
Lektor: Dipl.-Journ. Ing. Hans Dietrich

Gesamtherstellung: Elbe-Druckerei Wittenberg IV-28-1-1009
Bestell-Nr. 666 195 5

00480

Vorwort

Die Leistungen eines Naturwissenschaftlers zu würdigen, die dieser vor mehr als 250 Jahren vollbracht hat, scheint auf den ersten Blick ein Unterfangen zu sein, das vom Leser mit Vorbehalten aufgenommen werden wird. Kann es denn angesichts des gewaltigen Fortschritts, der sich besonders in den vergangenen hundert Jahren in den Naturwissenschaften vollzogen hat, noch wesentlich sein zu erfahren, was einer ihrer Vertreter vor 250 Jahren mit seinen Arbeiten beabsichtigt, worauf er sein Augenmerk gelenkt hat, durch welche Experimente er zu neuen Einsichten und vorwärtsweisenden Ansichten gelangt ist? Seine damals vielleicht sensationellen Entdeckungen oder Erkenntnisse sind heute doch längst überholt, sind vergessen, sind „aufgehoben" im mehrfachen Sinne des Wortes: sie sind nicht mehr gültig, sind außer Kraft gesetzt und sie sind längst auf eine neue, höhere Entwicklungsstufe hin„aufgehoben" worden.
Aber niemals geht das, was zu irgendeiner Zeit einmal gedacht, geschlußfolgert, abstrahiert worden ist, gänzlich verloren. Auch unzureichende, überholte Kenntnisse sind bis zu einem gewissen Grade in dem neueren und neuen Wissen noch enthalten; sie sind in diesem „aufgehoben" in einem weiteren Sinne des Wortes: sie sind bewahrt, sind erhalten geblieben. Der Erkenntnisfortschritt vollzieht sich ja nicht auf eine solche Weise, daß Altes, Unvollständiges, Falsches völlig negiert und neues Wissen an seine Stelle gesetzt wird. Immer werden Teile des alten Erkenntnissystems, wird dessen Anteil an relativer Wahrheit als Baustein für die Errichtung eines neuen mit genutzt und geht auf diese Weise nicht verloren. „Wir alle stehen auf den Schultern unserer Vorgänger – ist es da ein Wunder, daß wir eine weitere Aussicht haben als sie", hat August Wilhelm v. Hofmann diesen vorwärtsdrängenden, aber auf dem Alten basierenden Prozeß der Erkenntnisgewinnung einmal verbildlicht.
So gibt es in Wirklichkeit gar keinen unüberwindlichen Einschnitt zwischen dem heutigen Wissen und den Erkenntnissen und Ideen,

die Naturwissenschaftler vor 50, 100 oder 200 Jahren gewonnen und entwickelt haben. Es existiert eine festgefügte Brücke, die die Wissenschaftler der Gegenwart mit denen der jüngeren und ferneren Vergangenheit verbindet. Ihre herausragenden Leistungen stellen die Stützpfeiler dar, auf denen die Brücke ruht, die das Heute mit dem Gestern und Vorgestern verbindet und die gleichzeitig den Weg markiert, den die Naturwissenschaften im Verlaufe ihrer Entwicklung zurückgelegt haben. Einen ganz wesentlichen Brückenpfeiler in der Entwicklung eines Teilgebietes der Naturwissenschaften setzte vor 250 Jahren Georg Ernst Stahl.
Stahl war Arzt und Chemiker. Er ist in die Geschichte der Medizin eingegangen als einer der bedeutendsten Professoren der Universität Halle, als Leibarzt Friedrich Wilhelm I. von Preußen, als Präsident des „Collegium medicum" sowie als Begründer des „Animismus", einer medizinischen Lehre, die einer einseitig mechanisch-materialistischen Grundhaltung der Medizin des 17. Jh., der Iatromechanik, entgegenzuwirken trachtete.
Aber nicht die für die Entwicklung der Medizin bedeutenden Leistungen Stahls sollen Gegenstand dieser Biographie sein, sondern sein Wirken und seine wissenschaftlichen Beiträge auf dem Gebiete der Chemie. Verbindet sich mit Stahls Namen doch die Schaffung der sog. Phlogistontheorie, einer wissenschaftlich-chemischen Lehre, die einem ganzen Entwicklungsabschnitt der Chemie, der Zeit zwischen 1700 und etwa 1775 ihren Namen als „Epoche der Phlogistonchemie" gegeben hat. Nicht nur in Deutschland, auch in England, Frankreich und Schweden hatte Stahl zahlreiche Anhänger, wirkte seine Lehre. Warum Stahls Phlogistontheorie von vielen bedeutenden Naturforschern damaliger Zeit so vorbehaltlos aufgenommen, weiter ausgebaut, ja von manchen sogar noch nach 75 Jahren gegenüber der sich bahnbrechenden Oxidationstheorie als die richtigere und bessere Lehre verteidigt wurde, ist ein Phänomen, das von Wissenschaftshistorikern recht unterschiedlich und noch keineswegs zufriedenstellend beantwortet worden ist. Möge die kleine Schrift dazu beitragen, auch dieses Problem einer Klärung näher zu bringen, wenn sie versucht, das Leben Georg Ernst Stahls und seinen Anteil an der Entwicklung der Chemie anläßlich seines 250. Todestages in Erinnerung zu rufen.

Leipzig, im Mai 1983 Irene Strube

Inhalt

Stahls Leben und Wirken in Jena, Weimar, Halle und Berlin

Geboren wurde Stahl in Ansbach, damals Hauptort des gleichnamigen Fürstentums unter der fränkischen Linie der Hohenzollern, um den 20. Oktober des Jahres 1659. Das Taufbuch der St. Johanniskirche zu Ansbach weist für „anno 1659" nur die Taufe des Georg Ernst aus, die am 22. Oktober vollzogen wurde. Kommt es für das genaue Geburtsdatum auf 1 bis 2 Tage auch nicht an, so ist doch festzuhalten, daß Stahl nicht, wie fast durchgängig in der chemiehistorischen Literatur behauptet wird, 1660, sondern bereits 1659 geboren wurde.[1]

Sein Vater war Johann Lorenz Stahl, der bis 1664 als „Fürstlicher Hof-Raths-Secretarius", danach bis 1672 als „Secretär des Anhalt-Brandenburgischen Kirchenkonsistoriums" tätig war und später als „Ehegerichts-Secretarius" arbeitete. Seine Mutter, Maria Sophia geb. Meelführer, war die Tochter eines Ansbacher Diakons. Gemeinsam mit seinem 3 Jahre älteren Bruder Conrad – die übrigen Geschwister starben fast alle im Säuglingsalter – besuchte Stahl das Ansbacher Gymnasium. Er muß sich schon damals außerordentlich für Naturwissenschaften, insbesondere für Chemie interessiert haben, denn wie er später berichtete, hat er in seinem 15. Lebensjahr

> das unlängst vorher zu Padua gehaltene Collegium Chymicum Dr. Jacob Barners erhalten, und daran so großes Belieben gefunden, daß solches fast auswendig begriffen, daneben aber zu eigenem Versuch ... der gründlichsten und einfältigsten Erfahrungs-Proben genügsame Gelegenheit gehabt und mich deren mit allem Fleiß bedienet [6, S. 6].

Im Alter von 20 Jahren, 1679, wurde Stahl an der Universität Jena für ein Studium der Medizin immatrikuliert. Nur auf diese Weise

[1] Die fälschliche Angabe von Stahls Geburtsjahr als 1660 rührt aus den Aufzeichnungen von J. S. Strebel: „Commentationis de Viri quondam illustris Georgii Ernesti Stahl ...", Ansbach 1758 her. In der gleichen Arbeit (S. 98) wird das Sterbealter Stahls im Mai 1734 jedoch als „74 Jahre, 6 Monate und 23 Tage" angegeben, was – ebenso wie es das Taufbuch ausweist – dem Geburtsjahr 1659 entspricht, so daß die Angabe „1660" falsch sein muß.

2 Jugendbildnis Stahls

konnte er auch Vorlesungen chemischen Inhaltes hören, denn zu jener Zeit war Chemie noch kein eigenständiges Lehrfach, sondern wurde als Hilfswissenschaft der Medizin an den Medizinischen Fakultäten gelehrt. Unter seinen Lehrern hob Stahl später besonders Georg Wolfgang Wedel hervor. Dieser vertrat an der Universität Jena die sog. Chemiatrie und bemühte sich, wie der Begründer dieser Richtung im 16. Jh., Paracelsus, gefordert hatte, die Lebensprozesse als chemische Prozesse zu begreifen und neue chemische Präparate in die medizinische Therapie einzuführen. Aber Stahl nannte auch Werner Rolfinck, einen bedeutenden Mediziner des 17. Jh., der an der Jenaer Universität ein „theatrum anatomicum", eine Stätte zum Sezieren menschlicher Leichen, begründet hatte und auch als einer der ersten in Deutschland Vorlesungen über Chemie hielt, die er durch Experimente erläuterte. Rolfinck und Wedel haben, neben anderen Wissenschaftlern, dem jungen Stahl als Vorbilder bei seinen späteren eigenen Bemühungen gedient, im Rahmen der medizinischen Fakultäten chemische Vorlesungen und Übungen durchzuführen.
Im Jahre 1684 beendete Stahl sein Medizinstudium in Jena mit einer medizinischen Doktordissertation. Den Beruf eines Arztes hat er dann auch sein Leben lang als seine Haupttätigkeit ausgeübt; zunächst als Leibarzt des Herzogs von Sachsen-Weimar, dann als praktischer Arzt und Hochschullehrer in Halle und schließlich als Leibarzt des preußischen Königs in Berlin. Auf dem Gebiet der Medizin hat Stahl auch die meisten wissenschaftlichen Publikationen verfaßt, Dissertationen betreut und damit zur Her-

3 Georg Wolfgang Wedel und
4 Werner Rolfinck, Lehrer bzw. Vorläufer Stahls an der Universität Jena

anbildung eines medizinischen Nachwuchses wesentlich beigetragen.
Auch Stahl war ein Vertreter chemiatrischer Ansichten und ging wie die fortschrittlichsten Ärzte seiner Zeit davon aus, daß sich im lebenden Organismus chemische Vorgänge nach Naturgesetzen abspielen, die man erforschen und deren krankhaftes Entarten man durch chemische Arzneien wieder in ihren ursprünglichen, harmonischen Zustand zurückführen könne. Aber Stahl hatte in seiner umfangreichen Praxis auch begriffen, daß der menschliche Körper nicht nur von chemischen Gesetzmäßigkeiten regiert wird, sondern daß auch das Seelische, Psychische eine wesentliche Rolle im gesunden und kranken Menschen spielt.
Krankhafte Organausfälle erkannte Stahl primär als gestörte Ab-

läufe von Lebensgesetzen. Ihre therapeutische Behandlung durch den Arzt sei jedoch nicht immer einfach; denn einerseits solle der Arzt dem Menschen „die Gründe für die meist vernachlässigten Lebensgesetze nahelegen – tut er das jedoch, so hat er in der Leidenschaft der Sinne bereits den ersten Gegner." Die Psyche des Menschen, seine Sinne und Leidenschaften, mit denen er sich oftmals sträube, die einfachsten Lebensgesetze einzuhalten, seien einer der wichtigsten Faktoren, den der Arzt bei seiner Therapie mit in Betracht ziehen müsse. Die Veränderungen, die von der Krankheit ausgelöst werden, müsse er sorgfältig von jenen unterscheiden, die noch psychisch wegen der Krankheit zustandekommen. Als Mitarbeiter der Natur müsse der Arzt die Heilwege von allen Hindernissen befreien, schrieb Stahl in diesem Zusammenhang 1695 in seiner Abhandlung „Über die Bedeutung des synergischen Princips für die Heilkunde". Weil Stahl als Arzt begriff, daß die Leidenschaften, das Seelische (Seele lat. anima) des Menschen in seiner „Synergie", d. h. seinem „Zusammenwirken" mit den physischen Lebensabläufen gesehen werden müsse, ist er von der Medizingeschichtsschreibung als Begründer des „Animismus" in der Medizin bezeichnet worden.

Nach seiner Promotion im Jahre 1684 habilitierte sich Stahl in Jena zum Privatdozenten. Er hielt medizinische Vorlesungen, in denen er schon auf die eben genannte Problematik hingewiesen haben soll und fand bei seinen Hörern großen Anklang. Aber auch seine erste chemische Vorlesung hielt Stahl als Privatdozent in Jena, die von einem seiner Schüler, Johann Juncker, später charakterisiert wurde als

> ein Collegium chemicum, welches er 1684 als Doktor einer ziemlichen Anzahl Zuhörer in die Feder diktiert und darin diese Wissenschaft so gründlich und deutlich abgehandelt, auch so viel Neues und Nützliches an den Tag gelegt, daß man dergleichen damals gar noch nicht hatte [13, S. 35].

Im Jahre 1687 wurde Stahl vom Herzog Johann Ernst von Sachsen-Weimar als dessen Leibarzt berufen. Diese Tätigkeit übte er bis zum Jahre 1694 aus. Auch in dieser Zeit hat sich Stahl nebenbei intensiv mit Chemie beschäftigt und Vorlesungen gehalten, die Juncker rühmt als

> ein Collegium chemico-pharmaceuticum ... worin er schon die schönsten Proben einer noch schärferen Einsicht und reiferen Beurteilungskraft abge-

legt und in Versuchen und Nachsinnen unermüdet fortgegangen ist [13, S. 34].[2]

Die Jahre zwischen 1684 und 1694, in denen Stahl in Jena und Weimar wirkte, waren jene, in denen er sich auf dem Gebiete der Chemie am intensivsten mit den theoretischen Lehren seiner Vorgänger auseinandergesetzt, experimentell gearbeitet und seine neuen, weiterführenden Erkenntnisse gewonnen hat, auch wenn er letztere erst ab 1697 publizierte.[3]

Im Mai 1694 wurde Stahl als 2. Professor für Medizin an die neueröffnete Universität Halle berufen. So verließ er Weimar und begab sich in preußische Dienste. Doch erst 15 Jahre nach seiner Übersiedlung nach Halle hat Stahl das „Hallesche Bürgerrecht" erworben und 1709 das Haus Marienviertel 24 (heute Große Ulrichstr. 20) gekauft. Ab 1711 bewohnte er mit seiner Familie das Haus Marienviertel 185 (heute Kleine Steinstr. 6). Stahls Einnahmen als Universitätsprofessor waren sehr gering. Noch 1698 betrug sein Gehalt nur 200 Taler, eine Summe, „deren Hälfte nicht einmal für Wohnung und Brennholz ausreicht", wie die Medizinische Fakultät der Universität Halle in einem Gesuch um Gehaltserhöhung für Stahl erklärte. Es wurde erst 10 Jahre später, 1708 positiv beantwortet.

Stahls Familienleben in Halle war von tragischen Ereignissen überschattet. Nachdem er sich 1694 mit Catharina Margaretha Miculci vermählt hatte, wurde ihnen im gleichen Jahr ein Sohn, Johann August geboren. Diese Frau starb zwei Jahre später, nach der Geburt eines Mädchens, das ihr 1/4 Jahr später folgte. Stahl blieb in den folgenden neun Jahren unvermählt und heiratete

[2] Die Collegnachschriften der Stahlschen Vorlesungen waren außerordentlich gefragt und wurden im Jahre 1723 von dem Stahl-Schüler J. S. Carl in lateinischer Sprache in 6 Bänden herausgegeben unter dem Titel „Fundamenta Chymiae Dogmaticae et Experimentalis". Eine schlechte und verkürzte deutsche Übersetzung von Stahls Vorlesung war in Leipzig schon 1720 unter dem Titel „Chymia rationalis et experimentalis oder Gründliche, der Natur und Vernunft gemäße und mit Experimenten erwiesene Einleitung zur Chemie" erschienen. Beiden Schriften liegen zwar Stahls Vorlesungen zugrunde, beide sind aber nicht von Stahl selbst verfaßt worden, und es ist verfehlt – wie häufig geschehen – sie als Stahls Hauptwerke anzusehen.

[3] Diese Annahme folgt aus Stahls autobiographischen Skizzen, die er seinen Hauptwerken eingefügt hat. Man vgl. z. B. [5, S. 76 u. 107].

schließlich 1705 Barbara Eleonore Tentzel. Auch diese Frau verlor er bereits ein Jahr später im Kindbett. Ihre Tochter Eleonore verstarb im Alter von 2 Jahren. Erst nach weiteren fünf Jahren entschloß sich Stahl 1711 zu einer dritten Ehe, die er mit Regina Elisabeth Wesener schloß. Sie lebte mit Stahl bis zu ihrem Tode im Jahre 1730 und gebar ihm sechs Kinder: 1712 Regina Ernestina; 1713 Georg Ernst; 1714 Johann Christoph; 1716 Sophia Dorothea; 1717 Catharina Charlotte Louisa und 1718 Johannes Laurentius. Stahls Sohn Georg Ernst wurde später ebenfalls Arzt und preußischer „Hofrath“. Er war ein Freund von Philipp Emanuel Bach, lebte in Berlin „im Stahlschen Hause unter den Linden“ und wurde durch seine Heirat Besitzer der „Schraderschen Apotheke am Molkenmarkt“ [14].

Stahl knüpfte in Halle engere Beziehungen zu August Hermann Francke und besonders zu Christian Thomasius an. Diese Vertreter des Pietismus und der deutschen Aufklärung haben seine gesellschaftspolitische Haltung ganz wesentlich mit geprägt und dazu beigetragen, daß er die Rolle und den Nutzen der Chemie seiner Zeit kritisch zu analysieren und ihr in einer Zeit stagnierender gesellschaftlicher Entwicklung in Deutschland neue, weiterführende Aufgabenstellungen aufzuzeigen vermochte.

Stahl wurde ja zu einer Zeit geboren, als sich in Deutschland die Folgen des 30jährigen Krieges noch immer auswirkten. Mit dem Westfälischen Frieden vom Jahre 1648, der den Krieg beendete, hatte Spanien seine Vormachtstellung in Europa endgültig verloren, und an seiner Stelle war Frankreich zur stärksten Macht auf dem europäischen Festland geworden. Frankreich hatte große Teile des Elsaß sowie die Festung Breisach am rechten Rheinufer erhalten. Die ehemals deutschen Bistümer Bremen und Verden, Vorpommern mit Rügen und Wismar mußten an Schweden abgetreten werden.

Der Westfälische Frieden hatte die Spaltung Deutschlands in 350 Fürstentümer und über 1000 kleinste Herrschaften, Reichsstädte und -dörfer besiegelt. Der Kaiser als das sog. Reichsoberhaupt besaß nur noch wenige Befugnisse; im Reich hatte er keine Regierungsorgane und verfügte auch nur begrenzt über Truppen. Die politische und militärische Ohnmacht des Kaisers sowie das zersplitterte Reich, in dem jeder der Fürsten für sich über beträchtliche Machtmittel verfügte, bewirkten, daß auf lange Zeit kein deutscher Nationalstaat entstand und die Herausbildung eines nationalen Marktes erschwert wurde. Durch den Krieg, Hunger und Seuchen waren rd. 50 % der Bevölkerung in den deutschen Staaten ums Leben gekommen, und große Teile der materiellen Produktivkräfte waren zerstört worden.

Die frühkapialistische Entwicklung in Deutschland, die sich bis zur frühbürgerlichen Revolution des 16. Jh. angebahnt hatte, erlitt starke Rückschläge, und die Feudalordnung festigte sich. Die handwerkliche Produktion, Manufakturen, das Verlags- sowie das Berg- und Hüttenwesen gingen z. T. stark zurück. Waren im Gebiet von Mansfeld um 1560 z. B. ca. 1 500 t Kupfer erzeugt worden, so betrug die Produktion um 1660 nur noch 15 t. Insgesamt stieg die Produktion aber bald wieder langsam an.

In der Landwirtschaft blieb westlich der Elbe die feudale Grundherrschaft mit Natural- und Geldrenten seitens der Bauern bestehen; östlich der Elbe jedoch gab es tiefgreifende Veränderungen. Die Feudalherren „Ostelbiens“ gingen zu neuen Formen einer verstärkten Ausbeutung der leibeigenen Bauern über. Weil ihnen der Getreidehandel aufgrund des steigenden Getreidebedarfs der westeuropäischen Städte hohe Gewinne versprach, wandelten sie ihre Ländereien in Gutswirtschaften um. Die Arbeitskräfte verschafften sie sich durch gesteigerte Frondienste sowie durch Einführung der sog. Erbuntertänigkeit: sie verpflichtete die Kinder der Bauern, als Knechte und Mägde auf ihren Gütern zu arbeiten. Viele Bauern verarmten so, daß sie ihre Höfe aufgeben mußten. So nahm die zweite Leibeigenschaft in den ostelbischen Gebieten besonders krasse Formen an.

Deutschland blieb auf diese Weise in seiner sozialökonomischen Entwicklung weit hinter der anderer europäischer Staaten, insbesondere Englands oder Frankreichs zurück. In England war nach dem Sieg Cromwells über Karl I. vom Parlament das Königtum abgeschafft und die Republik ausgerufen worden. Wenn diese bürgerliche Republik auch 1688, nach dem Tode Cromwells, in eine konstitutionelle Monarchie umgewandelt wurde, so blieben doch gute Voraussetzungen für ein Erstarken des Bürgertums und die Entwicklung kapitalistischer Produktionsverhältnisse erhalten. Eine Vielzahl von Manufakturen wurde begründet, auch chemische, in denen vor allem Schwefelsäure, Soda und Potasche (K_2CO_3) produziert wurden. Auch die Metallurgie nahm einen

Aufschwung, insbesondere als es um 1709 glückte, zum Verhütten der Erze Steinkohlenkoks einzusetzen und damit von der immer knapper werdenden Holzkohle unabhängiger zu werden. Dieser wirtschaftliche Aufschwung im Inland wurde noch dadurch wesentlich gefördert, daß es England im 17. Jh. gelang, ein Kolonialreich aufzubauen.

Ebenfalls gute Bedingungen für die Entwicklung der Produktivkräfte und die Herausbildung kapitalistischer Wirtschaftsformen waren in dem noch feudalen Frankreich vorhanden. Unter Ludwig XIV., der 1643 seine Regierungszeit als absolutistischer Herrscher angetreten hatte, erreichte zwar der Feudalismus in Frankreich seine höchste Entwicklungsstufe. Der König übte eine unumschränkte Macht aus und war z. B. in der Gesetzgebung unabhängig von der Mitwirkung der Stände, war oberster Richter und stand an der Spitze von Armee und Verwaltung. Aber die damit geschaffene politische und staatliche Zentralisation stellte letztlich ein wesentliches Element bei der Überwindung des Feudalismus dar.

Ludwig XIV. erpreßte von seinen Untertanen große Mengen an Steuern, die er vor allem für die Errichtung und Unterhaltung eines stehenden Heeres, aber auch für den Bau von Prunkschlössern, die Anlage von Parks, für höfische Vergnügungen und jede Art von Luxus verschwendete. Zur Finanzierung dieses müßigen, glanzvollen Lebens, das den Geldbedarf des Staates ständig vergrößerte, hatte Frankreichs Finanzminister Colbert den sog. Merkantilismus als neue Wirtschaftsform ins Leben gerufen. Gesteigerte Produktion und verstärkter Export ließen Geld ins Land fließen. Voraussetzung dafür war die Errichtung staatlicher Manufakturen sowie die Unterstützung bei der Einrichtung privater, die jedoch unter staatlicher Aufsicht produzieren mußten. Ausländische Waren wurden mit Zöllen belegt, so daß die inländischen Manufakturen aufblühen und Frankreich sich zu einem einheitlichen Wirtschaftsgebiet entwickeln konnte, in dem feste Straßen und Kanäle den Handel noch erleichterten. Eine Flotte und Handelsschiffe wurden gebaut, die zu stärksten Konkurrenten der englischen wurden. Auch Frankreich erwarb Kolonien, um billig Rohstoffe zu erhalten. Auf diese Weise entwickelten sich im feudalen Frankreich zunehmend kapitalistische Produktionsverhaltnisse.

Die Hofhaltung Ludwig XIV. wurde von den deutschen Fürsten kopiert. Selbst nach ähnlicher Machtstellung und gleicher prunkvoller Hofhaltung strebend, begründeten sie den sog. landesfürstlichen Absolutismus. Er trug dazu bei, die Zersplitterung Deutschlands noch mehr zu vertiefen und zwängte dessen sozialökonomische Entwicklung in enge Grenzen. Die Fürsten statteten ihre Residenzstädte mit neuen Schlössern und Parks aus – als Vorbild diente zumeist das Schloß Ludwigs XIV. in Versailles. In Karlsruhe, Mannheim, Oranienbaum oder Ludwigslust z. B. entstanden solche neuen, absolutistischen Stadtanlagen; aber auch der Zwinger in Dresden, der im Auftrage des sächsischen Kurfürsten August des Starken gebaut wurde, diente der Hofhaltung zum Zeitvertreib und für mannigfaltige Lustbarkeiten. Auch hier wurden die notwendigen Finanzmittel vor allem durch Steuern und Zölle aufgebracht; es gab z. B. einen Brücken-, Kanal-, Hafen-, Stadttor- und Grenzort-Zoll, der die Waren stark verteuerte und damit den Handel erschwerte. Nur einige größere Staaten, wie vor allem Sachsen oder Brandenburg-Preußen, legten Wert auf die Förderung von Manufakturen. Besonders in Sachsen, wo das Bürgertum einen relativ großen Anteil der Gesamtbevölkerung ausmachte, entwickelten sich Gewerbe, Bergbau und Handel gut. Für Produkte der Metallerzeugung und -verarbeitung, der Leinenweberei und Tuchmacherei, der Samt- und Seidenweberei stellte die Stadt Leipzig mit ihrer Messe und als Handels- und Verkehrsmittelpunkt den größten Binnenstapelplatz der deutschen Staaten dar. Relativ konkurrenzlos waren auch die seit 1710 in der Meißener Porzellanmanufaktur erzeugten Porzellane und Böttgersteinzeuge, deren erstmalige Herstellung in Europa dem ehemaligen Apothekerlehrling und Alchemisten Friedrich Böttger in Zusammenarbeit mit E. W. von Tschirnhaus, C. E. Pabst von Ohain und fünf Freiberger Berg- und Hüttenleuten im Jahre 1708 geglückt war.

Insgesamt gesehen wirkten sich in Deutschland Feudalismus und kleinstaatlicher Partikularismus nachteilig für die Entwicklung der sozialökonomischen Verhältnisse aus.

Auf der Grundlage der wirtschaftlichen Emanzipation des Bürgertums erwuchs im 17. Jh. eine neue, bürgerliche Ideologie, die Philosophie der Aufklärung, deren Grundlagen von Wissenschaftlern wie Grotius, Spinoza, Locke und Descartes gelegt wurden.

Von ihnen wurde die Vernunft an die Stelle von orthodoxem Glauben, von Mystik und Aberglauben gesetzt; der Mensch wurde als vernunftbegabtes Wesen begriffen, das in der Lage sei, seine Geschicke auf der Erde selbst zu gestalten. Es wurde eine Naturrechtslehre entwickelt, die den Staat auf einen Vertrag zwischen Herrscher und Volk zurückführte und die bürgerliche Forderung nach Gleichheit der Rechte zum Ausdruck brachte. In Deutschland hatte Samuel v. Pufendorf als Wegbereiter einer solchen Aufklärungsphilosophie gewirkt.

Einer seiner Schüler war Christian Thomasius, der wie Leibniz, Wolff, Lessing oder Herder zum Vertreter der deutschen Aufklärung wurde, ja oft als deren „Vater" bezeichnet worden ist. In seinen Schriften und Vorlesungen, die Thomasius zunächst in Leipzig und Frankfurt/Oder hielt, trat er für das Naturrecht des Niederländers Grotius ein. Er vertrat die Auffassung, daß den Fürsten die Macht vom Volke übertragen worden sei und verwarf damit die Idee des Gottesgnadentums der Monarchen. Nachdem Thomasius seit 1687 seine Vorlesungen in deutscher Sprache gehalten hatte, um seine unorthodoxen Ansichten breiteren Kreisen verständlich zu machen, war er von engstirnigen Professoren der Leipziger Universität von dort vertrieben worden. 1688/89 gab Thomasius die erste deutschsprachige Zeitschrift, die „Monatsgespräche" heraus. Er fand Aufnahme in Halle, wo er mit Pufendorf an der Gründung und Eröffnung der Universität 1694 mitwirkte. Auch mit August Hermann Francke, dem geistigen Haupt der Pietisten war er dabei in Kontakt gekommen und hatte bei ihm Unterstützung gefunden.

Der Pietismus, eine protestantische Bewegung des 17. u. 18. Jh., hat in seiner Anfangsphase die Entwicklung eines bürgerlichen Lebensideals wesentlich gefördert. Er richtete sich gegen die dogmatisch erstarrte Orthodoxie des Luthertums und forderte konstruktive christliche Nächstenliebe. Francke gründete 1698 das pietistische Waisenhaus sowie verschiedene Schulen und Internate, um Bildung, insbesondere auch naturwissenschaftliche, zu vermitteln. Zur Finanzierung dieser Einrichtungen schuf er gewerbliche Unternehmungen: eine Brauerei, Papiermanufaktur, Buchdruckerei, Buchverlag und Buchhandlung; ferner ließ er in der Waisenhausapotheke Heilmittel anfertigen und verkaufen. Seit 1698 wirkte Francke auch als Theologieprofessor an der Halleschen Universität. Allerdings ging dieser die Führungsrolle in der deutschen Frühaufklärung wieder verloren, als Francke mit zunehmendem Alter eine übertrieben frömmelnde, intolerante Haltung einzunehmen begann und sich Auseinandersetzungen zwischen Francke und Thomasius zu einem Kampf zwischen Pietismus und aufgeklärtem Naturrecht ausweiteten.

Sowohl von den frühen Ideen Franckes als auch von den Ansichten Thomasius' war Stahl sehr beeindruckt, und er hat sich in seinen späteren chemischen Werken, aber auch in seinen Vorlesungen, für ihre Verbreitung und Verwirklichung eingesetzt. War für Francke nichts wichtiger als die sinnvolle, ertragreiche Ausnutzung der Zeit, die seiner Meinung nach bis zum äußersten getrieben werden müßte, so sehen wir Stahl diese Bemühungen in seinen Schriften auf seine Weise unterstützen. Energisch zog er dort gegen „den faulen Müßiggang" zu Felde, dem er die „wohlbedächtliche Forschungsbegierde" gegenüberstellte, die „die etwa vorfallende ledige Zeit lieber mit Nachdenken, Nachsehen, Nachsuchen und ... arbeitsamen Versuchen, als mit Müßiggang, Geschwätz, Narretei, Spiel oder Gesöffe oder mehreren Üppigkeiten, ja selbst den faulen langen Schlaf hinbringt" [5, S. 4 f.]. Stahl tadelte später an vielen Stellen seiner Werke die „flüchtige Förschelung", die „keinen wahren Trieb, Vorsatz noch Absicht zum Grunde hat", die „weder der allgemeinen Wissenschaft ... einige Förderung noch Vermehrung angedeihet; noch dem gemeinen Nutz(en), etwas zu mehrerem Vorteil oder diensamen Gebrauch" zu schaffen vermag [ebenda]. Und ebenso, wie Thomasius in seinen Schriften leidenschaftlich gegen Orthodoxie, Scholastik, Aberglauben und Mystik auftrat, zog auch Stahl – wieder auf dem Gebiete der Chemie – gegen diese Relikte der Scholastik zu Felde.

Thomasius gab zur Durchsetzung seiner Gedanken gemeinsam mit Buddaeus u. a. eine Schriftenreihe, die „Observationes selectis ad rem litterariam spectant" heraus. Hier wurden Beiträge gegen Aristoteles und die Scholastik veröffentlicht, und u. a. begründete Thomasius hier auch seine Ansicht von der notwendigen Einrichtung einer Professur für Ökonomie an der Hallenser Universität. Stahl unterstützte Thomasius' Bestrebungen tatkräftig, indem er die 11bändige Schriftenreihe mit 8 Beiträgen aus dem Gebiet der Naturwissenschaften bereicherte, in denen er eine fundierte Kritik an den überlieferten scholastischen Lehrmeinungen übte. Gegenstände dieser Artikel waren z. B.: „Aristoteles Irrtum bei der korrekten Definition der Natur“ oder „Gedanken über die Verbesserung der Metalle und wie man einen Gewinn daraus ziehen kann“. In seinen Vorlesungen zur Chemie hat Stahl als einer der ersten Hochschullehrer nicht nur die für die Medizin wichtigen Aspekte der Chemie dargelegt, sondern hat seinen Schülern auch aufgezeigt, welchen ökonomischen Nutzen eine wissenschaftlich betriebene Chemie insbesondere für die Verbesserung der chemischen Gewerbe bringen und damit – wie er meinte – zur Vergrößerung des Wohls der Bürger beitragen könnte. Wie die Vorlesungsankündigungen zeigen, hielt er sowohl eine Vorlesung über die Ökonomie der Chemie als auch über Gegenstände, die damit in engem Zusammenhang stehen. Er wies damit der Chemie neue Aufgabenstellungen zu, die sie aus der Enge einer Hilfswissenschaft für die Medizin herausführte.

Stahls Bestreben, analog der Ideologie der Aufklärung die Welt aus sich selbst zu begreifen, die Ursachen der Vorgänge in Gesellschaft und Natur rational zu erklären, Spekulationen, Mystik und Aberglauben aus der Wissenschaft zu verbannen, hat ihn auch da-

GEORGIUS ERNESTUS STAHL, D.

Oktober 1696: etiam ad Oeconomica proficuam, commonstrabit: *Fundamentalem* vero & *universam Philosophicamque Chymiam*, aut seorsim quoque, *Metallicam Docimasiam*, si qui sint qui desiderent, lubens edocebit.

Oktober 1697: CHYMICUM quoque Collegium, quod sub demonstrationum Pharmacevtico-Chymicarum Collegio, non ita dudum absoluto, promisit, propediem, si DEUS vitam & sanitatem largietur, pariter ordietur.

1698: Chimicas Demonstrationes, non è generalibus speculationibus, sed specialibus Experimentis, connexas & applicatas exhibere perget

Oktober 1701: Chymiam Metallurgicam quoque, bono cum DEO, à fundamentis docere aggredietur.

1713: GEORG. ERNESTUS STAHL. D.P.P. Quas publicis Lectionibus huc usque prosecutus est Chymicas, & defectu Dogmatum Medicorum hiatus monstrantes atque explentes Doctrinas, illas porrò prosequetur. Ubi in priore gener. absolutâ Zymotechnia, quam subjunxit Halotechniam, bono cum Deo, continuabit.

5 Vorlesungsankündigungen Stahls nach dem „Codex lectionum“ der Universität Halle. Im Oktober 1696 z. B. kündigt er unter anderem an, daß über die wirklichen Grundlagen sowie die höhere, theoretische Chemie und, falls Interesse besteht, über die metallische Probierkunst gelesen werde. Im Oktober 1701 wird begonnen, über die Grundlagen der metallurgischen Chemie zu lehren

zu befähigt, die zu seiner Zeit noch immer versuchte alchemistische Transmutation unedler Metalle in edle endgültig als unwissenschaftliche und sinnlose Betätigung zu verwerfen. In seiner kernigen, bildnishaften Sprache nahm er zum Problem der Transmutation Stellung:

> Das Verkehren der geringen Metalle in feines Silber und Gold schien freilich eine solche Braut zu sein, um welche auch der plumpste Bauernknecht einen Tanz zu wagen nicht versagen sollte. Es war auch eben keine so verächtliche Sache nicht, fein hurtig steinreich zu werden und ganze Jahrhunderte weg mit den Raben um die Wette zu leben: auch mit windgeschwinder Wegblasung der unheilbarsten Krankheiten ein solcher Wunder-Mann zu werden, dergleichen bis dahin die Welt nicht gesehen und, solange sie noch stehen mag, nicht sehen wird. [5, S. 7/8]

An anderer Stelle [5, S. 333] hat er die rationale Überlegung hinzugesetzt, daß völlige Auflösungen der Stoffe in ihre Urbausteine und deren neuartige Zusammensetzungen zu Gold vielleicht möglich wären, „jedoch an allseitigen Umständen so viel Zeit, Mühe, Aufsicht, Arbeit und Kosten erfordern . . ., daß der etwa noch erfolgende Effekt in gar keinem Vergleich zu seinem Nutzen" stehen könne.

Stahl wirkte an der Hallenser Universität in den Jahren 1700 bis 1701 und 1710 bis 1711 auch als „Prorektor", eine Funktion, die dem diensttuenden Rektor gleichkam. Schon im Jahre 1700 hatte ihn die Kaiserlich-Leopoldinisch-Carolinisch-Deutsche Akademie der Naturforscher (Leopoldina) zum Mitglied ernannt. Der von dem Arzt und Mitbegründer der Leopoldina, Bausch, eingeführte Brauch, den Mitgliedern Cognomina zu geben, wurde auch bei Stahl angewandt. Bausch selbst hatte sich „Jason" genannt, der das nach wissenschaftlichem Neuland suchende Akademie-Schiff „Argo" steuerte. Stahl erhielt den Namen „Olympiodoros".

Während seiner Hallenser Tätigkeit begann Stahl, seine chemischen Beobachtungen, Überlegungen und neuen Einsichten in einer Reihe von Publikationen zu veröffentlichen. Seiner Haupttätigkeit entsprechend, ist der größte Teil der bis 1715 publizierten Abhandlungen zwar medizinischen Inhalts, aber immerhin erschienen von seinen rd. 26 chemischen Arbeiten 21 zwischen 1697 und 1703 im Druck.

Als erstes chemisches Werk publizierte Stahl 1697 eine Arbeit über die Grundlagen der „Gärkunst": „Zymotechnia fundamentalis", eine Darstellung, die der deutsche Übersetzer im Jahre 1734 umschrieb als „Allgemeine Grunderkenntnis der Gärungskunst, vermittelst welcher die Ursachen und Wirkungen dieser alleredelsten Kunst ... aus den wesentlichen mechanisch-physischen Hauptgründen mit höchstem Fleiß ans Licht gestellt" werden. In diesem Werk hat Stahl auch seine „Phlogistontheorie", die ihn in der Chemiegeschichte bekannt gehalten hat, erstmals dargestellt. Er erläuterte sie an dem Experiment: „Schwefel durch Kunst zu machen" (d. h. Schwefel „künstlich" aus Schwefelsäure herzustellen).

Seit dem gleichen Jahr 1697 gab Stahl die erste chemische Monatsschrift heraus, deren Titel lautete: „Observationum chymico – physico – medicarum curiosarum mensibus singulis bono cum Deo continuandarum". Sie erschien bis zum Sommer 1698 und beschäftigte sich jeden Monat mit einem bestimmten Gegenstand, so z. B. im Juni 1697 mit der Mitteilung des Experiments, Schwefel künstlich zu bereiten, im Juli mit der Erklärung des Experiments, im August mit der Gewinnung von Schwefeltrioxid im Großen, im Februar 1698 mit der Geschichte des Salpeters, im März mit der arzneilichen Wirksamkeit des Salpeters etc.

Vom Jahre 1700 an beteiligte sich Stahl mit chemischen Beiträgen auch an den bereits genannten „Observations selectis ...", die Thomasius und Buddaeus herausgaben.

Im gleichen Jahr erschien eine Dissertation seines Schülers Johann Christian Fritsch, deren ins Deutsche übersetzter Titel „Anweisung zur Metallurgie" lautet. Sie baut voll auf Stahls Phlogistontheorie auf, und an ihrer Erarbeitung muß Stahl einen so großen Anteil genommen haben, daß er sie später selbst als seine eigene Arbeit ausgegeben hat (vgl. [5, S. 117]). Der deutsche Übersetzer nannte sie dann 1720 überhaupt gleich: „Herrn G. E. Stahls ... Anweisung zur Metallurgie". An die in lateinischer Sprache gedruckte Dissertation angehängt, erschien außerdem 1700 eine kleine Abhandlung, die Stahl selbst verfaßt hatte: „De ortu venarum metalliferrarum", vom Übersetzer 1720 betitelt als: „Von dem Ursprunge der metallischen Gänge". Stahl wandte sich darin gegen jene Wissenschaftler, die noch annahmen, die Metalle wüchsen im Gestein und in den Erzadern und würden noch täglich neu gebildet. Nach seiner Meinung ist es viel wahrscheinlicher, „daß die Gänge von den allerältesten und ersten Zeiten an herrühren" [2, S. 141]. Als letzte chemische Arbeit seiner Wirkenszeit in Halle veröffentlichte Stahl 1703 in lateinischer Sprache eine umfangreiche „Einleitung" zu einer Neuauflage von Johann Joachim Bechers „Physica subterranea", das Werk eines unmittelbaren Vorgängers Stahls, in dem jener seine Ansichten über die chemische Zusammensetzung der Mineralien, Erze und Gesteine entwickelt hatte. Stahl setzte sich in seiner „Einleitung" kritisch mit den Gedanken Bechers auseinander, übernahm einiges, aber kritisierte auch vieles.

Im Jahre 1715 (nicht 1716, wie fast durchgängig behauptet – man vgl. dazu den „Codex lectionum" sowie Rep. 3 Nr. 126, P. Nr. 24 des Halleschen Universitätsarchivs) wurde Stahl an den Hof Friedrich Wilhelms I. nach Berlin gerufen und übersiedelte mit seiner Familie dorthin. Diesem Weggang aus Halle ist in der späteren wissenschaftshistorischen Literatur viel Aufmerksamkeit geschenkt worden – jedoch nicht etwa deswegen, weil man in seiner Berufung zum 1. Leibarzt eine Auszeichnung und Anerkennung seiner Leistungen erblickte, sondern seltsamerweise deshalb, weil man ihn als eine Art Flucht aufgrund eines geringen Lehrerfolges und angeblich wachsender wissenschaftlicher Kontroversen mit Friedrich Hoffmann, dem Inhaber des ersten medizinischen Ordinariats, ansah, der 1712 als Leibarzt von Friedrich I. aus Berlin nach Halle zurückgekehrt war.

Viele Zeitgenossen rühmen im Gegensatz zu dieser Darstellung jedoch gerade Stahls Lehrerfolg, so u. a. J. Ch. Dreyhaupt 1750 in seiner „Beschreibung des Saalkreises":

> Er [Stahl] tat sich daselbst sowohl durch seine Lehren und Schriften, als auch seine glückliche und weitläufige Praxis dergestalt hervor, daß er 1716 als Königlich-Preußischer Hofrat und Leibmedicus nach Berlin berufen wurde.

Wenn Stahl im Jahre 1715 nach Berlin an den Hof von Friedrich Wilhelm I., dem „Soldatenkönig" ging, so werden ihn überwiegend objektive Gründe zu diesem Schritt veranlaßt haben – fand er doch im Berlin jener Zeit und in der Funktion als Leibarzt des preußischen Königs weitaus bessere Möglichkeiten, seine berufliche Tätigkeit mit einer Wirksamkeit im Sinne eines sozialen Fortschrittes, auch auf chemischem Gebiete, zu verknüpfen.

Berlin, die Residenzstadt des preußischen Staates, war in der 2. Hälfte des 17. Jh. stark angewachsen, nicht zuletzt durch den Zustrom der Hugenotten, die rund ein Fünftel der Bevölkerung ausmachten. Aus dem sozialökonomisch weiter entwickelten Frankreich vertrieben, in dem der Manufakturkapitalismus schon eine wesentliche Rolle spielte, waren sie in der Lage, zum gewerblichen Aufschwung Berlins, besonders zur Entwicklung der Seiden-, Leinen- und vor allem Wollmanufakturen beizutragen.

Durch Gelehrte wie Pufendorf, Leibniz, Schlüter u. a. waren Wissenschaft, Literatur und Kunst der Aufklärung nach Preußen getragen worden und hatten in Berlin in der 1698 gegründeten Akademie der Künste sowie der Akademie der Wissenschaften (gegr. 1700) Pflegestätten gefunden.

Die Entwicklung der Wissenschaften stagnierte allerdings seit dem Tode Friedrichs I. und der Krönung Friedrich Wilhelms I. zum preußischen König bzw. schritt nur in enge Bahnen gezwängt weiter voran. Der „Soldatenkönig" hegte vorrangiges Interesse für solche Maßnahmen, die die militärische, wirtschaftliche und finanzielle Macht des Staates hoben. Die Beschäftigung mit Philosophie, mit anderen „Geisteswissenschaften" sowie mit den „schönen Künsten" lehnte Friedrich Wilhelm I. als nutzlos verschwendete Zeit ab. So erklärt es sich, daß er z. B. den Nachfolger von Leibniz auf dem Präsidentenstuhl der Akademie der Wissenschaften, Jakob Paul Gundling, in seinem „Tabakskollegium", einer regelmäßigen, zwanglosen Abendgesellschaft, die er in Berlin, Potsdam oder Wusterhausen mit höheren Offizieren und durchreisenden Standesgenossen bei Bier und Tabakgenuß durchführte, durch närrische Fragen dem allgemeinen Gespött preisgab und derbe Späße über dessen Philosophie trieb. Er ließ es auch zu, daß der Aufklärungsphilosoph Christian Wolff einer Verleumdung zum Opfer fiel und von der Hallenser Universität vertrieben wurde.

Andererseits förderte der „Soldatenkönig" jedoch Wissenschaften, die zur Stärkung der Armee, zur Entwicklung von Manufaktur und Handel sowie zur Verbesserung der Volksgesundheit beitrugen – dazu gehörten neben der Medizin auch die Chemie, sowie ökonomische und Kameralwissenschaften. So ließ er z. B. 1723 an der Berliner Akademie ein neues Institut für chirurgische Medizin, das Collegium medico-chirurgicum einrichten, das mit der „Königlichen Anatomiekammer" (Theatrum anatomicum) verbunden wurde und besonders der besseren Ausbildung von Militärärzten dienen sollte. Ganz sicher hatte sein Leibarzt Stahl als einer seiner engsten Vertrauten ihn bei der Durchführung dieser Pläne beraten, und gewiß ebenfalls durch Stahls Einfluß wurde an dieser neuen Einrichtung auch Chemie betrieben. Caspar Neumann, Schüler und Freund Stahls, wurde Hofapotheker und 1723 Professor für Chemie an der neuen Einrichtung. Auch Johann Heinrich Pott, der sich u. a. um die Porzellanherstellung in Preußen verdient machte sowie Andreas Sigismund Marggraf, der den Zucker im Rübensaft entdeckte und damit die Voraussetzung für die Begründung der Rübenzuckerindustrie in Europa schuf, waren zeitweise an diesem Collegium tätig.

Aber Stahl wird seinen Einfluß auf den König, außer bei der Begründung des Collegium medico-chirurgicum, wohl auch bezüglich der Forderung der Halleschen Universität nach Einrichtung einer Professur für Ökonomie und Kameralistik, der Friedrich Wilhelm I. im Jahre 1727 stattgab, sowie bei der Förderung von Manufakturen, besonders solcher, die chemische Substanzen herstellten, geltend gemacht haben. Hat er doch selbst an der Halleschen Universität 1696 als einer der ersten eine Vorlesung über die Ökonomie der Chemie gehalten und in seinen Werken immer wieder auf die Notwendigkeit hingewiesen, die Ursachen der chemischen Vorgänge in den Gewerben aufzudecken, um dadurch die Entwicklung der chemischen Manufakturen voranzubringen. In diesem Sinne hatte er z. B. 1703 in einer Einleitung zur deutschen Übersetzung der „Ars tinctoria“, der „Färbekunst“ geschrieben:

> Dem günstigen Leser ist ... selbst bestermaßen bekannt, was die richtige und gute Zubereitung der Manufakturen zur Erhaltung der nützlichen und nötigen Commercien und folglich vermittelst guter Nahrung der Bürger und Untertanen zum rühmlichen Aufnehmen eines Landes ... beizutragen vermag ... wie durch Färbereikunst zubereitete Ware nicht allein sehr nützlich sondern auch notwendig und daher zur Unterhaltung der Handelschaft und daraus folgender Bereicherung der Länder und Republiken mehr als viele andere Arbeit ersprießlich ist.

Leider seien aber die Produzenten, wie es

> fast durchgehends bei erlerntem Handwerk und Künsten geschieht, des Grundes und der Ursache, weswegen dies oder jenes so oder anders gehandelt werden müsse, ganz unkundig und deswegen oft im Versehen zu Schaden oder gar ins Verderben geraten [11].

Die Manufakturen erfuhren in Preußen unter Friedrich Wilhelm I. eine gewisse Förderung, insbesondere jene, die die Bedürfnisse der Armee zu befriedigen halfen. Vor allem die blauen Woll- und Leinentuche, die mit „Berliner Blau“
$Fe_4^{III}[Fe^{II}(CN)_6]_3$
gefärbt wurden, waren auch in anderen deutschen Staaten sowie im europäischen Ausland gefragt.

Im Jahre 1715 war Stahl auch zum Präsidenten des „Collegium medicum“, der obersten Gesundheitsbehörde Preußens ernannt worden. Die Hauptaufgabe dieser 1685 gegründeten Einrichtung bestand darin, jede Art von medizinischem Dilletantismus zu unterbinden. Selbst die an Hochschulen ausgebildeten Ärzte mußten erst vor dem „Collegium“ eine Prüfung ablegen, um ihre Approbation zu erhalten. Das gleiche traf auch für Wundärzte, „Barbiere“ und Apotheker zu. Nach Artikel 16 des Medizinaledikts vom 12. 11. 1685 waren harte Strafen jenen angedroht, die wie „Störer, Betrüger und dergleichen Gesindel, alte Weiber, Segensprecher ... unziemliche, zauberische, abergläubische und unbekannte Mittel“ gebrauchten.

Stahl hat die Aufgaben als Präsident des Collegium medicum mit Umsicht erfüllt. Das folgt u. a. aus dem Entwurf zu einem neuen Medizinaledikt, das 1725 verabschiedet wurde und die Dezentralisierung des Collegium medicum zu „Provincial-Medicinal Collegien“ sowie die Einrichtung eines „Obercollegium medicum“ zur Folge hatte.

Während seiner Berliner Wirkungszeit hat Stahl, trotz seiner umfangreichen medizinischen Aufgaben, den zweiten Teil seiner chemischen Werke verfaßt, so 1718 das Buch „Zufällige Gedanken und nützliche Bedenken über den Streit von dem sogenannten Sulphure“ sowie 1723 seine Abhandlung über die Natur der Salze. Diese beiden wichtigen Werke schrieb er gleich in deutscher Sprache. Er wollte damit einerseits dem Vorwurf seiner Kritiker begegnen, „er schriebe kein zierliches Latein“. Vor allem aber beabsichtigte er, durch Schreiben in der Muttersprache, die von ihm vorgelegten theoretischen Erörterungen nicht nur den Wissenschaftlern, sondern auch gebildeten Handwerksmeistern und Leitern von Manufakturen verständlich zu machen. Er hoffte, daß diese größeren Nutzen aus seinen Darlegungen ziehen würden als ein Teil der Vertreter der offiziellen Gelehrsamkeit an den

Hochschulen, die nach Stahls Meinung seine neuen Gedanken, insbesondere über die Rolle des Phlogistons bei chemischen Umwandlungen, nur kritisiert und verworfen hatten, ohne das Neue und Weiterführende zu erkennen. In diesem Sinne schrieb er z. B.:

Nachdem aber solche lateinisch geschriebenen Sachen nicht so leicht und allgemein zu jeder Liebhaber Bekanntschaft gelangen ... so ist es desto billiger, daß ich durch Deutschschreiben nicht nur manchem ehrenwerten deutschen Liebhaber einen Gefallen erweise sondern auch jenen Afterrednern vor der ganzen deutschen ehrlichen Welt ihren Ungrund aufdecke, ob meine An- und Erweisungen in diesen Dingen so beschaffen sein, wie sie davon zu schwätzen gewohnt sind. [5, S. 76 f.]

Gleichfalls im Jahre 1723 publizierte Stahl ein „Vorwort" von 443 Seiten Umfang zu der Neuauflage von Bechers „Naturkündigung der Metallen". Es trägt den Titel „Billig Bedenken, Erinnerung und Erläuterung über Dr. J. Bechers Naturkündigung der Metallen". Diese umfangreiche Arbeit liefert ein anschauliches Beispiel dafür, in welch kritischer, aber dabei äußerst sachlicher Art sich Stahl mit den Anschauungen anderer Wissenschaftler auseinandergesetzt hat. Getreu seiner mehrfach geäußerten Haltung: „Tadeln ist keine Kunst. Wahrhafte Mängel zu zeigen, erfordert Kunst. Aber solche auch zu ergänzen, ist die beste" [5, S. 57], hat er sich in dieser Abhandlung bemüht, das von Becher noch vertretene alchemistische Gedankengut, z. B. über das vermeintliche Wachsen und Auskochen (Veredeln) der Metalle im Innern der Gebirge, über die Einwirkung der Planetenstrahlen auf die Zeugung der Metalle, über „giftige Schwaden in Bergwerken als Samen der Metalle" u. a. m. mit Verstandes- und Erfahrungsgründen ad absurdum zu führen.

Ganz ähnlich verhält es sich mit einer weiteren Arbeit, die Stahl 1726 als Einleitung zur Neuauflage von Bechers Werk „Große chymische Concordanz" unter dem Titel „Bedenken von der Goldmacherei" verfaßte. Auch hierin kritisierte er die alchemistischen Bestrebungen Bechers sowie die vieler Zeitgenossen und Vorgänger. Seine Kritik gipfelte in den folgenden Bemerkungen:

Meine Meinung dazu, kurz und gründlich, daß ich von der beschrienen Goldmacherei ... weder weiß noch etwas davon halte. [9, S. 19]
daß man sich ... vernünftigen Nachdenkens und Überlegens befleißigen möchte, um nicht auf so wenig begründete Hoffnungen sich einzulassen. [Man sollte lieber auf] wahrer Kunst und Geschicklichkeit gemäße Unter-

suchungen und Übungen seine ... müßige Zeit und überflüssigen Mittel anwenden ... wodurch ... deutlichere Wissenschaft und mäßige Vorteile und Nutzen durch die wahre Chemie und deren wohlgeübte Bearbeitung erfolgen kann. [9, S. 18]

Nach Stahls Meinung hat die Chemie ganz andere gesellschaftliche Aufgaben zu erfüllen, als sich in der nutzlosen Goldmacherei zu üben:

durch vernünftige chemische Arbeiten mancherlei Arzneimittel bequemer zu nehmen, kräftiger aus ihren Hülsen ausgeschieden oder von allzu heftiger Wirkung gemildert zu Wege zu bringen ... aber auch, sowohl in Bergwerkssachen als auch in bürgerlichen Hantierungen: Weinherstellung, Branntwein- und starker kräftiger Wasser-Brennung, Meet- und Bierbrauerei und anderen Gärungswerken noch viele gemeinnützliche Dinge und Vorteile recht zu begreifen und geschickt anzuwenden [9, S. 13].

Über Stahls Leben im Kreise seiner Familie, die in Berlin ein Haus „Unter den Linden" erwarb, sowie über seine Beziehungen zu Freunden oder seine Stellung am Hofe ist nur sehr wenig bekannt.
Von seinen Biographen, besonders von Albrecht v. Haller, ist Stahl als charakterlich schwieriger Mensch, finster, aufbrausend, wenig gesellig geschildert worden. Diese angeblichen Charakterzüge sind auch von späteren Biographen in ihre Darstellungen übernommen worden. So schildert ihn z. B. Richard Koch 1929 als „gewöhnlich finster, schwierig im Umgange und mit einem Hang zur Melancholie" behaftet. Er habe sich in „rastloser Tätigkeit seiner Umgebung und dem herrschenden Geiste entgegengestellt, ohne zu rein sachlichen Behandlungen der Gegenstände bereit" gewesen zu sein [15, S. 192].
Mit dieser abwertenden Einschätzung wird man Stahls wirklichem Wesen gewiß nicht gerecht. Zwar ist es heute kaum noch möglich, eine objektive Schilderung seines Charakters zu geben, und die zeitgenössischen Quellen fließen zu dieser Thematik nur spärlich. Aber vielleicht kommt man der Wahrheit näher, wenn man das gesellschaftliche und wissenschaftliche Umfeld mit betrachtet, unter dem er wirkte und in dem er Neues durchzusetzen versuchte, wenn man die Aussagen seiner Schüler und unmittelbaren Zeitgenossen durchsieht und wenn man schließlich die autobiographischen Skizzen zu Rate zieht, die Stahl an verschiedenen Stellen seiner Werke eingestreut hat.

6 Karikatur von J. Weiditz (um 1500) auf das unwissenschaftliche alchemistische Experimentieren

Als sicher und richtig gilt dabei, für die damalige Zeit genauso wie auch heute noch: Wer mit neuen, vorwärtsweisenden Gedanken auf gesellschaftlichem wie auf wissenschaftlichem Gebiet auftritt und ihnen zum Durchbruch verhelfen will, wird gegen die Vertreter des Alten, gegen „den herrschenden Geist" nur in der Auseinandersetzung mit ihnen bestehen und sich durchsetzen können. Wie Thomasius für das aufgeklärte Naturrecht, gegen die Überreste der Scholastik, gegen die herrschende lutherische Orthodoxie kämpfte und Verunglimpfungen, Verleumdungen ja sogar die Vertreibung von seiner Wirkensstätte in Kauf nehmen mußte, hat auch zur gleichen Zeit Stahl diesen Kampf gegen scholastische Gelehrsamkeit, gegen Aberglauben und gegen gedankenloses Herumprobieren auf dem Gebiete der Chemie geführt. Er hat dabei viele Ansichten seiner Vorgänger wie die von Glauber, Kunckel, Becher, Boyle oder Lemery, aber auch eine Reihe weniger bekannter Gelehrter kritisch beleuchtet und, wenn nötig, deren Unvollkommenheit oder Unsinnigkeit aufgezeigt. Es ist nicht verwunderlich, daß er sich damit Gegner geschaffen hat, von denen gerade die Unbedeutendsten sich zu Anwälten des Alten machten und nun ihrerseits Stahls neue Ansichten verunglimpften, ohne sich sachlich mit seinen neuen Beobachtungen und Überlegungen auseinanderzusetzen. Stahl hat sich ihrer gewehrt, aber es für überflüssig befunden, sich mit ihren Meinungen im Detail zu beschäftigen. Er hat sie einmal als „anmaßende Schulfüchse" bezeichnet, die „an der Sache, davon die Rede ist, nichts zu tadeln verstehen", im Gegensatz zu den „vernünftigen Schullehrern, die ich allezeit in zuständiger Achtung halte" [5, S. 76]. Was Stahl vom Tadeln hielt, ist oben bereits angemerkt worden. Die wirklichen Mängel aufzuzeigen und diese auch zu beseitigen, betrachtete er als dessen Hauptaufgabe. In diesem Sinne schrieb er auch kritisierend:

Solche hämische Tadelsucht ist ja so bekannt und geläufig, daß man daher an keinem Scribenten das Gute, das er vorbringt, in einige Achtung kommen läßt sondern bloß seine Fehler aufs spöttlichste durchhechelt; und weil der müßigen, spitzfindigen Grübler der größte Haufe ist, so ist auch nicht zu verwundern, daß solche Federfechtereien im Schwange sind. [5, S. 58]

Nach Stahls Meinung gilt es vielmehr:

wenn man einer Schrift der Wahrheit gemäßes Recht zukommen läßt: was nicht bestehen kann, bescheidentlich bemerken; was aber wohl gegründet ist, in gebührlicher Achtung hält und dessen Nutzen recht zu zeigen sich befleißet. [Ebenda]

In letzterem Sinne hat Stahl sich in seinen Schriften mit den Ansichten seiner Vorgänger sehr sachlich auseinandergesetzt und neben deren Mängeln stets auch das Nützliche, Vorwärtsweisende ihrer Schriften herausgearbeitet. So urteilte er z. B. über die Arbeiten von Libavius und Agricola:

Obwohl keiner von beiden sich in weitere Betrachtung der grundgemäßen Ursachen solcher Arbeiten eingelassen [gemeint sind vor allem deren Schilderungen über das Berg- und Hüttenwesen, sowie über Alaun- und Salpetersiedereien – I. S.] so haben sie jedoch ein ... Lob verdient, daß sie ferneren Nachfolgern eine so wohl eingerichtete Vorarbeit und ausführlichen Bericht in die Hände geliefert [haben], worauf diese ihre Überlegungen wenden und die historische Kenntnis zu tieferer Erkenntnis ausdeuten könnten; zumal die wenigsten nachdenklichen ehrlichen Leute in den Deutschen Landen Vermögen und Gelegenheit haben, solche Nachrichten durch eignen Augenschein einzuholen, obgleich im Deutschen Reich die beste Gelegenheit sich darbietet wegen aller Arten Bergwerke und Erzgewächse. [5, S. 13]

Von „Unsachlichkeit" und „rastlosem sich Entgegenstellen" kann man aus dem Zitierten gewiß kaum etwas entnehmen, und die angeführten Beispiele sind typisch für Stahls Denken und seine Schreibweise. Wenn man sein Wesen verstehen will, muß man sich diese seine Haltung zu eigen machen und sein Wirken von der Warte her zu verstehen versuchen, daß er mit seinen chemischen Arbeiten vor allem dem „allgemeinen Wohlergehen" der Menschen dienlich sein, daß er die Ursachen und Gründe der chemischen Umwandlungen besser erkennen und aufdecken wollte, um die neuen Erkenntnisse zum Nutzen der Menschen, zur Verbesserung und Steigerung der Produktion anzuwenden. Seiner Meinung nach gibt es noch viele Vorgänge,

daran sowohl zur Curiosität als zu manchem nützlichen Gebrauch es zu erweisen gälte, wie gründlich man die Chemie eingesehen und wie man sie noch besser, als bisher geschehen, klar zu machen fähig sei. Möglich, wenn auf jede solcher Fragenerklärung eine ... Wette bestünde, wäre damit ehrbarer als mit Karten- und Würfelspiel etwas zu gewinnen. [5, S. 219]

Lassen wir uns noch von einem Zeitgenossen Stahls dessen Wesen und Charakter vor Augen führen. Der anonyme Übersetzer seiner „Zymotechnia fundamentalis" schrieb 1734:

Als ich bei meinen letzteren Durchreisen durch Berlin die Ehre hatte, dem nunmehr seligen Herrn Hofrat Stahl einige Male persönlich aufzuwarten, so erzählte ich ihm u. a. auch, wie es mir mit diesen Experimenten [gemeint ist u. a., Schwefel durch die Kunst zu machen – I. S.] ergangen und mit was für Mühe ich endlich dahinter gekommen. Er bezeigte sich darüber ... vergnügt und sagte, wenn es alle Sucher also gemacht hätten, so würden sie sich über die Dunkelheit seiner Schriften nicht zu beschweren gehabt haben; er hätte indessen nicht für dumme Sudler, sondern für aufrichtige, fleißige und aufmerksame Kunst-Liebhaber geschrieben, und dieses wäre die Bedingung, nach welcher sich die Leser an seine Schrift wagen oder selbige liegenlassen könnten. [1, S. 179]

An gleicher Stelle charakterisiert der Übersetzer Stahl überschwenglich als einen Wissenschaftler, dem

der Ruhm, solange die Welt steht, verbleibe, daß er der einzige ist, der die Natur in ihrer schönen Einfalt und einfältigen Schönheit kennengelernt und -gelehret ..., der ein kluges und unermüdetes Nachsinnen mit der untrüglichen Erfahrung verknüpfet ... und solches mit ebenso vieler Bescheidenheit als Aufrichtigkeit getan, als er von Natur ein Feind von Aufschneiderei und Prahlerei gewesen ...

Stahls chemisches Werk

Der Entwicklungsstand der chemischen Theorie zur Zeit Stahls

Als Stahl begann, sich neben seinen medizinischen Aufgaben auch Problemen der Chemie zuzuwenden, waren die Erkenntnisse auf diesem Gebiet noch nicht sehr weit gediehen. Es war noch keine einzige chemische Gesetzmäßigkeit abstrahiert worden, und in der chemischen Lehre gab es, neben einem empirisch gewonnenen Wissensschatz der Erz- und Münzprobierer sowie der Salpeter- und Alaunsieder, vor allem zwei theoretische Richtungen. Ihre Vertreter bauten im Grunde auf Ansichten auf, die bereits von antiken Naturphilosophen entwickelt worden waren: auf der Lehre von den vier Elementen und der von der korpuskularen Struktur der Materie.

Schon die Naturphilosophen der vorchristlichen Jahrhunderte hatten ja die Ansicht entwickelt, daß dem dauernden Wandel der Erscheinungen, den zu beobachtenden qualitativen Veränderungen der Stoffe etwas Bleibendes, Unveränderliches, Uranfängliches zugrunde liegen müsse. Dieses „Anfängliche" hatten sie als „Elemente" bezeichnet. Empedokles im 5. Jh. v. u. Z. hatte vier solcher „Elemente", nämlich Feuer, Wasser, Luft und Erde als jene Urstoffe angenommen, deren feinste und verschiedenartigste „Vermischungen" alle die qualitativ verschiedenen Stoffe des Makrokosmos hervorbringen sollten. Demokrit und Leukipp im 4. Jh. v. u. Z. hingegen waren der Meinung gewesen, daß das Uranfängliche nur *eine,* allem zugrunde liegende, qualitätslose Materie sei, die durch Bewegung in eine unendlich große Anzahl verschieden großer und verschieden geformter „Atome" zerbrochen werde, deren Vereinigung zu den verschiedenst strukturierten Körpern dann die Vielzahl der qualitativ verschiedenen Stoffe hervorbrächte. Die Vertreter der Elementenlehre hatten den – auch heute noch in der Chemie als theoretische Grundlage gebrauchten – Begriff des „Elementes" definiert und inhaltlich bestimmt. Aus den Schriften des Aristoteles war diese Definition überliefert worden als „das Letzte ..., in was der Körper geteilt werden und was nicht mehr in anderes, der Art nach verschiedenes zerteilt werden kann".

7 Robert Boyle

Stahls Vorgänger Robert Boyle in England hatte in seinem Werk „The Sceptical Chymist" 1661, also fast 2000 Jahre nach Aristoteles, noch einmal den Elementbegriff fast gleichartig definiert, als er schrieb: „verstehe ich unter Elementen, wie jene Philosophen, die am deutlichsten reden ... gänzlich ungemischte Körper ... die nicht aus anderen Körpern oder aus einander zusammengesetzt sind".

Auf die Frage aber, *welche* Körper solche unzusammengesetzten Stoffe entsprechend der Definition sind, welcher Begriffsumfang also den Inhalt des Begriffes „Element" erfüllt, hatten die Chemiker bis zu Stahls Zeiten noch immer keine Antwort gefunden, die die objektiven Gegebenheiten richtig widergespiegelt hätte.

Aristoteles hatte, aufbauend auf Ansichten von Empedokles, die Eigenschaften des Feurigen, Kalten, Wäßrigen und Trockenen als in der „Urmaterie" angelegte Gegensätzlichkeiten angenommen, deren unterschiedlicher mengenmäßiger Ausgleich zu verschiedenen „Gleichgewichtslagen" zwischen den Ureigenschaften und da-

mit zu den qualitativ verschiedenen, im Makroskopischen zu beobachtenden Stoffen führen sollte.
Boyle dagegen hatte sich zur Erklärung des Entstehens von qualitativ verschiedenartigen „Elementen“ der atomistischen Deutungen bedient, die, von Leukipp, Demokrit und Epikur in der Antike erdacht, von arabischen Philosophen des Mittelalters tradiert, von Gelehrten der Renaissance und der Frühaufklärung, wie Gassend oder Descartes, zur Erklärung physikalischer und chemischer Phänomene wieder herangezogen worden waren. Nach Boyles Ansicht liegt allen Stoffen eine qualitativ gleichartige Materie zugrunde, die durch Bewegung in verschieden große und verschieden geformte, kleinste, nicht mehr weiter zerteilbare Teilchen zergliedert wird. Diese Teilchen lagern sich seiner Meinung nach zu Korpuskelverbänden zusammen, deren unterschiedliche Strukturiertheit die qualitativen Unterschiede der makroskopischen Stoffe bedinge. Boyle gestand dabei zu, daß es bestimmte „Texturen“, bestimmte sich gleichartig wiederholende Strukturmodelle geben müsse, die relativ stabil und beständig wären und die man vielleicht als die sog. Elemente der Stoffe bezeichnen könnte. Gold sowie einige Metalle könnte man nach Boyles Ansicht dazurechnen. Aber im Grunde bezweifelte er mehr, ob es notwendig sei, solche „Elemente“ im Sinne der Definition zur Erklärung der qualitativen, chemischen Umwandlungen der Stoffe zu erdenken, weil es seiner Meinung nach ebensogut möglich wäre, daß starke Lösungsmittel oder Hitze die Struktur der Korpuskelverbände – auch der relativ stabilen – so veränderten oder sogar zerstörten, daß diese dadurch in ganz andere Stoffe verwandelt würden. Auch den Gedanken von der „Transmutation“ der Metalle in Gold hatte Boyle aufgrund dieser Vorstellungen für realisierbar gehalten, und sich sogar mit alchemistischen Experimenten beschäftigt.
In derartigen Bemühungen stand Boyle keineswegs allein da. Gmelin führte 1798 in seiner „Geschichte der Chemie“ noch rd. 115 alchemistische Schriften an, die zu jener Zeit von verschiedenen Autoren publiziert wurden, dazu 130, die anonym und weitere 22, die pseudonym herausgegeben wurden – insgesamt also 267 Titel! Die meisten dieser Abhandlungen waren jedoch nicht von der theoretisch fundierten Warte eines Boyle aus geschrieben worden, sondern knüpften an die alchemistische Tradition an, die aus dem Hellenismus über das Arabische ins europäische Mittelalter über-

liefert worden war. Der größte Teil dieser Abhandlungen aus dem 17. Jh. war weniger aus wissenschaftlichen als vielmehr aus gewinnsüchtigen oder gar betrügerischen Absichten geschrieben worden, wie schon ihre Titel ausweisen, von denen beispielsweise genannt seien: „Geheimes Werk der hermetischen Philosophie" 1685; „Eröffneter Eingang zu des Königs verschlossenem Palaste" 1674; „Eröffnetes philosophisches Vaterherz" 1676.

Was Stahl über die alchemistischen Bestrebungen jener Zeit dachte und wie er dagegen auftrat, darüber ist schon im vorigen Kapitel berichtet worden.

Die korpuskularmechanistischen Vorstellungen Boyles über die Ursache der qualitativen Umwandlungen der Stoffe waren von seinem französischen Zeitgenossen Lemery aufgegriffen, jedoch verändert worden. Lemery hatte sich außerstande gesehen, die Vielzahl qualitativ verschiedener Stoffe allein auf quantitative, strukturelle Veränderungen kleinster Korpuskeln einer stofflich einheitlichen Materie zurückzuführen. Er hatte daher einen Kompromiß geschlossen mit den Atomisten und den Vertretern der Elementenlehre, die davon ausgingen, daß alle Stoffe sich aus den 4 „Elementen" Feuer, Wasser, Luft und Erde bzw., wie Paracelsus gelehrt hatte, aus den 3 „Prinzipien" Schwefel (oder Öl), Quecksilber (oder Spiritus) und Salz zusammensetzen. Lémery lehrte, daß fünf „Elemente": Wasser, Spiritus, Öl, Salz und Erde die Grundsubstanzen aller Stoffe darstellten. Er dachte sich ihre Korpuskeln verschiedenartig gestaltet: mit Haken, Ösen, Zacken, Ästchen, Vertiefungen und Höhlungen ausgestattet, die seiner Meinung nach die chemischen Reaktionen und den Zusammenhalt zwischen den Korpuskeln bewirkten.

So existierten zu Stahls Zeiten atomistische Vorstellungen sowie die Lehre von den 4 Elementen und den 3 Prinzipien nebeneinander bzw. hatten sich gegenseitig durchdrungen, um eine ursächliche Erklärung für die qualitativen Veränderungen der Stoffe zu geben. Mit diesen Kompromissen waren jedoch noch immer keine Kausalerklärungen, sondern bestenfalls Beschreibungen von Stoffwandlungen möglich geworden.

Was die chemische Theorie für ihre Weiterentwicklung zu jener Zeit unbedingt gebraucht hätte, das wäre die experimentelle Aufdeckung und der Nachweis eines Zusammenhanges zwischen den „Elementen" und den sich daraus bildenden „Mischungen" (Verbindungen) gewesen. Man kann einen einfachen, elementaren Stoff ja experimentell nur im Zusammenhang mit seinem Gegenteil, dem „gemischten“, „verbundenen“ Stoff bestimmen; denn „etwas“ kann nur einfacher oder einfach in Bezug auf etwas „Zusammengesetzes“ sein. Wenn man also herausfinden wollte – und das war zu jener Zeit der historisch notwendige, nächste logische Schritt für eine wirkliche Weiterentwicklung chemischer Erkenntnis –, welche chemischen Stoffe einfach, elementar im Sinne der Definition waren, dann konnte man das nur erreichen, wenn man sie im Zusammenhang mit den chemisch „gemischten“ Stoffen untersuchte, ja, wenn man überhaupt erst einmal einen solchen Zusammenhang zwischen einfachen und gemischten Stoffen bei chemischen Reaktionen aufzudecken und theoretisch widerzuspiegeln vermochte. Wenn man – wie bis dahin geschehen – in der chemischen Theorie nur davon ausging, daß Stoffe, die z. B. brennbar sind, einen bestimmten Anteil einer „schwefligen“, „öligen“ oder „fettigen“ Materie enthalten, die beim Verbrennen aus ihnen

8 Johann Joachim Becher

entweicht und damit eben ihre Brennbarkeit verursacht, oder wenn man, wie z. B. Becher, nur davon sprach, daß alle Metalle vor allem eine „brennbare" und eine „schmelzbare" Erde enthalten, weil sie durch Feuer einerseits in glasartige Schlacken verwandelt und andererseits zu Oxiden, zu „Kalken", wie man letztere damals nannte, „ausgebrannt" werden, so war damit noch recht wenig von den eigentlich sich vollziehenden chemischen *Prozessen* in ihren ursächlichen Zusammenhängen erfaßt. Daran ändert auch der Umstand nichts, daß Becher z. B. die atomistischen bzw. korpuskulartheoretischen Vorstellungen Boyles und Lemerys noch weiter durchgebildet hatte. Trotzdem waren diese spezifizierten korpuskularmechanistischen Deutungen Bechers über den verschiedenen Grad der Strukturiertheit der Materie für eine Weiterentwicklung der chemischen Theorie sehr wichtig, weil sie als ein aufs mikroskopische Geschehen zurückgeführtes Modell der makroskopisch vonstatten gehenden Umwandlungen dienen konnten. Stahl hat gerade letzteres sehr wohl begriffen und sich mit Bechers korpuskularmechanistischen Auffassungen sehr intensiv auseinandergesetzt, indem er seine schon erwähnte „Einleitung zur Grundmixtion derer unterirdischen, mineralischen und metallischen Körper ..." ursprünglich lateinisch als „Specimen Becherianum ..." geschriebene Einführung zu Bechers Werk „Physica subterranea" verfaßte. Stahl hat darin Bechers Vorstellungen erläutert und dabei seine eigene Meinung anhand eigener, experimenteller Erfahrungen dargelegt (s. u.). Diese korpuskularmechanistischen Vorstellungen waren auch für die Aufstellung seiner Phlogistontheorie eine wichtige Voraussetzung.

Stahls Interesse an den Vorgängen in den chemischen Gewerben

Wenn man die Entwicklung von Stahls chemischen Ansichten verdeutlichen und begreiflich machen will, was an seinen neuen Ideen und Lehren gegenüber denen seiner Vorgänger so wesentlich anders und dadurch theoretisch weiterführend war, dann ist es notwendig, möglichst alle wichtigen Umstände zu beachten, die an ihrem Zustandekommen beteiligt waren. Gelang es ihm doch, insbesondere mit der Aufstellung seiner Phlogistontheorie, die damals seit Jahrhunderten erstarrte chemische Theorie so umzugestalten, daß von seiner neuen, dynamischen Betrachtungsweise her rd. 50 Jahre später der wesentliche Anstoß zu einer revolutionären Umgestaltung der chemischen Theorie durch den französischen Chemiker Lavoisier ausgehen konnte.

Die Frage ist daher, welche neuen Beobachtungen und Experimente Stahl machte, welches Untersuchungs- und Experimentierfeld er sich erschloß, und wie er das neugewonnene Wissen mit den vorhandenen theoretischen Ansichten zu tieferen Einsichten verarbeitete.

Es ist unzweifelhaft, daß Stahl während seines Medizinstudiums mit den wichtigsten damals vorhandenen theoretisch-chemischen Lehren bekannt geworden war: der 4-Elementen-Lehre, den korpuskularmechanistischen Anschauungen sowie vor allem mit den iatrochemischen Theorien, die sein Lehrer Wedel an der Universität Jena vorgetragen hatte. Diese von Paracelsus begründeten und von Wissenschaftlern wie van Helmont oder Libavius weiterentwickelten Theorien erklärten die Lebensvorgänge als chemische Prozesse, die durch das Aufeinanderwirken der sog. 3 Prinzipien „Schwefel“, „Quecksilber“ und „Salz“ zustande kommen sollten. Wenn diese Ansichten auch einen Fortschritt im theoretischen Erfassen der Lebensvorgänge darstellten, so war weder mit diesen Spekulationen noch mit der Elementen- oder Korpuskellehre ein Ansatz zu einer wirklichen Weiterentwicklung der chemischen Erkenntnisse vorhanden. Dazu mußte auf einem neuen Beobachtungs- und Experimentierfeld neues Wissen gewonnen werden, das mit den alten theoretischen Ansichten konfrontiert wurde und zu einer Veränderung dieser noch gültigen Ansichten führen konnte.

Ein solches neues Beobachtungs- und Experimentierfeld erschloß sich Stahl vor allem durch seine am gesellschaftlichen Fortschritt orientierte, an der Verbesserung der Lebensbedingungen der einfachen Menschen interessierte Haltung. Wie schon oben dargelegt, begriff er, daß viele in Manufakturen und besonders im Hüttenwesen zur Herstellung bestimmter Produkte durchgeführten Arbeitsgänge *chemische Prozesse* sind, deren theoretische Durchdringung den Produzenten wie den Konsumenten Vorteile bringen mußte. Wenn man diese Prozesse nicht nur empirisch betrieb, sondern erforschte, was bei der Erzverhüttung, der Salpeterbereitung, der Färberei, der Bier- und Weinbereitung sich zwischen den Stoffen abspielte, dann war nicht nur eine Verbesserung und Rationalisierung der Produktion zu erwarten; dann war auch manches in zünftlerischer Enge noch geheim gehaltene Verfahren zu entdecken und zu allgemeinem Nutzen bekannt zu machen.

Unter solchen Überlegungen wandte Stahl sein Interesse den chemischen Gewerben zu und versuchte, teils selbst, teils mit Hilfe von Schülern, seine Absichten zu verwirklichen. Besonders die Vorgänge im Hüttenwesen beschäftigten ihn von Jugend an und speziell die Frage, wie man die Metallausbeuten aus den Erzen vergrößern könne. Autobiographisch berichtete er darüber u. a.:

Ich habe schon in meiner Jugend so oft danach gesucht und gefragt, was doch das Schmelzen über das Gestübe (Holzkohle) für Absicht oder Notwendigkeit oder Nutzen habe: aber niemals anderen Bericht erhalten können, als daß es darum geschehe, damit das Metall sich darunter bergen und verkriechen könne, damit es von dem Gebläse nicht verbrannt und verführt würde ... Ein oder anderer Schmelzverständiger gab mir auf meine Fragen vom Gestübe auch die Antwort, das Blei frische sich an dem Gestübe. Aber mit der Deutung dieses Wortes lief es wieder auf das Verkriechen aus der schärfsten Hitze, vor dem Gebläse hinaus. [5, S. 133 f.]

Man gehe zu einem Zinngießer und lasse ihn seine Kohlen reichlich anlegen und aufblasen und sein Werkzinn oder auch reines Stockzinn darauf setzen und so heiß werden, daß das Werkzinn ein Papier sengt. Davon wird nach einiger Zeit eine Haut auf der Oberfläche erscheinen und wenn man diese zurückzieht, stracks eine neue erfolgen, welche je mehr und mehr Staub oder Asche zeigen wird. Wenn man nun von dieser Asche viel oder wenig in einen Schmelztiegel tut und auch im allerstärksten Schmelzfeuer ohne Zugabe einiger Kohlen zu zwingen vermeint, so bleibt sie dennoch wohl, was sie ist ... Hingegen wenn sie noch frisch in der Gießkelle auf dem übrigen geschmolzenen Zinn liegt und man wirft nur etwas Fett, Öl oder Pech ... oder ein Stückchen Lichttalg ... darauf und rührt es mit einem Hölzchen um, so schmilzt es wieder in das andere Zinn, daß nicht ein Staub mehr davon zu sehen bleibt. [5, S. 118]

Die Ursachen für die genannten Vorgänge hat Stahl später mit seiner Phlogistontheorie zu erklären versucht, für deren Herausbildung diese Beobachtungen von größter Bedeutung waren. Zunächst hatte er nach einer Erklärung bei den Handwerkern oder bei seinen Vorgängern Becher oder Kunckel gesucht, jedoch nichts Befriedigendes gefunden.

Wie nun die Metall-Probierkunst im Kleinen dazu gute Gelegenheit an die Hand gab, mit dem rechten Rösten der Proben [Oxidieren – I. S.] und wieder Zusammenschmelzen durch den sogenannten schwarzen Fluß [Reduzieren – I. S.] ... also wurde mir die Sache fast augenblicklich desto bedenklicher, verwunderlicher, ja, die Wahrheit zu sagen, befremdlicher, da [ich] bei dem ordentlichen gemeinen Hüttenrösten und Schmelzen allerdings diese gesamte Sache als den Grund ihrer ganzen Arbeit beherzigte; zugleich aber bei keinem, noch so bedeutenden Beschreiber chemischer Künste, ja selbst bei meinen guten Becher und Kunkel gar nichts dahin gehöriges [„gereichliches"], geschweige zulänglich erweisliches angemerkt fand. [6, S. 15 f.]

Was ein chemisches Verständnis der Vorgänge bei der Erzverhüttung jedoch an Vorteilen bringen würde, beleuchtete Stahl mit seinen Worten:

Indessen ist dieses Werk der einzige Grund des gesamten Hüttenschmelzens, auf dessen Unkenntnis vieles Versauen beruht, weil die geäscherten Metalle [Metalloxide – I. S.] sich in die glasigen Schlacken in Glasgestalt mit einschmelzen, was die sogenannten Kupfersauen formiert, die man hernach aus Unverstand der Sache weder zu sieden noch zu braten weiß; wie mir z. B. ein Ort bekannt ist, wo diese Gattung Kupfersauen wohl über 100 Jahre, viele Zentner schwer, liegengeblieben sind und vielleicht noch liegen, ohne daß ein Mensch bedacht oder verstanden hätte, ob und wie sie zu einigem Nutzen zu bringen sein möchten. [5, S. 133]

Stahl war auch bekannt, daß die Schmelzer mit finanziellen Einbußen die Leidtragenden waren, wenn ohne genügende wissenschaftliche Einsichten die empirisch angewandten Verfahren nicht immer die geforderten Ausbeuten brachten, und zeigte auch dies in seiner bilderreichen Sprache auf:

Es gehen die Kupfersauen in die Mast und wenn es beim Stichofen mit Herd und Glätte kalt geht, der Kohlen zu wenig oder diese untüchtig sind und sich die Form vernaset, so haben die Gewerken dem Schmelzer auf einen Zentner zwanzig oder dreißig Pfund nicht aufzurücken [anzurechnen]. [5, S. 37]

Um mehr Wissenschaftler auf die Bedeutung aufmerksam zu machen, die ein wissenschaftliches Verständnis der Vorgänge in den chemischen Gewerben, insbesondere im Hüttenwesen hatte, hielt Stahl an der Halleschen Universität chemische Vorlesungen, in denen er hauptsächlich diesen Gegenstand behandelte. Das war im Rahmen des Medizinstudiums und an einer medizinischen Fakultät etwas Außergewöhnliches und machte auf seine Art deutlich, daß Chemie eine ganz andere gesellschaftliche Rolle zu spielen begann, als nur Dienerin der Medizin zu sein. Das Vorlesungsverzeichnis der Universität Halle weist dieses aus (vgl. Abb. 2).

Um das aus der Praxis gewonnene Tatsachenmaterial zu vergrößern, gab Stahl einem seiner Schüler, Johann Christian Fritsch, wahrscheinlich im Jahre 1698, ein Dissertationsthema, das Darstellungen und Untersuchungen über die metallurgische Schmelz- und Probierkunst zum Gegenstand hatte. Gewiß war Stahl auch der Initiator der Reisen, die Fritsch im Zusammenhang mit dieser Arbeit durchführte. Stahl berichtete darüber in seiner Beurteilung über Fritsch, die er als Doktorvater zusammen mit der Dissertationsschrift der Fakultät einreichte:

Er hat an allen meinen verschiedenen Collegien mit Fleiß und Beharrlichkeit teilgenommen, außerdem am klinischen Praktikum, am anatomischen und den beiden chemischen, in denen nicht nur die Philosophie [Theorie – I. S.] der Chemie sondern auch der Metallurgie und Probierkunst Lehren und Experimente dargeboten wurden ... Von dem nützlichen und verdienstvollen Studium der Metallurgie angelockt, hat er den Herkunftsort der Mineralien sich mit eigenen Augen angesehen und deren langwierige Gewinnung durch die Schmelzkunst gründlich erforscht, und hat es unternommen die wichtigsten Bergwerke Meißens, Böhmens, der deutschen Mittelgebirge und Thüringens zu besuchen und zu betreten. [2, Anhang]

Fritsch hat in dieser lateinisch geschriebenen Dissertation seine Beobachtungen und deren theoretische Deutungen auf der Basis der Phlogistontheorie vorgenommen, die sein Lehrer Stahl unmittelbar vorher entwickelt und 1697 erstmalig publiziert hatte. Daß der deutsche Übersetzer dieser Dissertation sie überhaupt als ein Werk Stahls ausgab, ist bereits gesagt worden und unterstreicht Stahls Anteil an dieser Untersuchung.

Stahls Interesse galt neben der Metallurgie insbesondere den chemischen Gewerben der Färberei, Brauerei und Salpetersiederei. Es ist schon erwähnt worden, daß Stahl eine Einleitung und Anmerkungen zu der aus dem Französischen übersetzten „Färbekunst", der „Ars tinctoria" verfaßt hat. Auch für diese Arbeit hat er die Werkstätten der Färber aufgesucht, um seine Kenntnisse zu erweitern, sich Fachausdrücke der Handwerker erläutern zu lassen und zu versuchen, die im Chemischen liegenden Gründe für die verschiedenen Handgriffe und Prozesse zu erfassen. In diesem Sinne schrieb Stahl in seiner „Vorrede", daß er „durch Hilfe von den Färbern hier und da mit Mühe ersuchter und erhaltener Nachricht und daraus genommenen Grundes das Werklein dermaßen illustriert" habe, daß „aller möglichen Färberei Grund und worauf solche haupt- und ursächlich bestehe, nicht unwissend bleiben kann" [11].

Auch bezüglich der „Gärkunst" waren es vorrangig ökonomische Erwägungen, die Stahl veranlaßten, nach den chemischen Ursachen und Gründen der Prozesse zu suchen, die sich beim Bierbrauen, Weingären und bei der Essigbereitung abspielen; denn, so meinte er, es würde zwar viel über die „Fermentation" geschrieben, er

wüßte aber nicht, wer die beiden Exempel der Veränderung des Mosts in Wein und des Bierbrauens ... deutlich und gründlich ausgelegt hätte, daß ... aus solchen gründlichen Erklärungen ein landnützlicher, gründlicher Handgriff ausgewiesen werden möchte.

Obgleich gerade das Gärgewerbe geeignet sei, den Wohlstand eines Landes zu erhöhen, hätte noch niemand das Wesentliche des Gärprozesses aufgedeckt, um damit solche Zustände zu beseitigen, daß einige

kleine Landstriche von ihren guten Bieren und Weinen, Branntweinen, Weizenessig und Met den Nutzen allein und das Geld weit und breit an sich ziehen, während eine große Anzahl anderer Städte und Herrschaften sich mit liederlichem, ungesundem Getränke schleppen müssen ... daß in zwei Städten ... an bloßen dicken schmackhaften und starken Bieren viele Jahre über jährlich bis zu 30 000 Reichstaler bares Geld ... aus einer Herrschaft in die andere ... getragen worden ... da in der einen dieser Städte fortgefahren wurde, ein so liederliches Bier zu brauen, daß sie es selbst nicht trinken mögen, sondern es nur unter diejenigen geringen Leute loswerden müssen, die das auswärtige teuere nicht bezahlen können. [5, S. 21 f.]

Schließlich wandte Stahl sein Interesse auch der Salpetergewinnung zu, einem chemischen Gewerbezweig, der seit der Entdekkung des Schießpulvers einen der begehrtesten chemischen Rohstoffe aufarbeitete. Obgleich die Nachfrage ständig stieg, gab es zu Stahls Zeiten nur wenige Wissenschaftler – unter ihnen Johann Rudolf Glauber – die versuchten, die Methoden der Gewinnung von einheimischem Salpeter zu ergründen, um auf diese Weise von den Guano-Importen aus Ostindien unabhängig zu werden. Wiederum nahm Stahl auch die Sicherung des Wohlergehens vor allem der ärmeren Bevölkerungsschichten zum Anlaß, um die Erforschung der natürlichen Salpeterentstehung durch die Chemie zu motivieren. Der wachsende Bedarf brachte es nämlich mit sich, daß die Salpetersieder immer neue Fundorte ausfindig machen mußten, wo sich Salpeter als Ausblühung oder Auswitterung abschied. Nachdem ihn die Salpetersieder von „Schindangern", aus „Schlachthäusern", von „Platzen, wo Feldlager gestanden und wo

Feldschlachten geschehen“ sowie von Orten abgekratzt hatten „wo die Excrementa humana hingeführt worden (als zum Exempel zu Hamburg vor dem Stein- und Altonaer Tor)“, waren sie mit staatlichen Vollmachten ausgerüstet worden, ihn auch an anderen Orten zu holen. Stahl schrieb:

Auch holen sie die nitrosische Erde aus den Bauernhäusern und Hütten, deren Wände aus Schlamm, Erde und Lehm mit darunter gemengtem Stroh aufgesetzt und sodann der Witterung überlassen werden. Sie haben von der Obrigkeit die Macht, von dergleichen Wänden die Erde fingerdick abzuschaben. Auch graben sie dergleichen Erde bei den „heimlichen Gemächern“, ja wohl auf den Kirchhöfen und anderen Orten, da dann das landesherrliche Recht sich soweit erstreckt, daß den armen Leuten die Häuser darüber niedergerissen werden. [12, S. 32]

Stahl hat seine Untersuchungsergebnisse über den Salpeter und über die Bedingungen seiner „künstlichen“ Erzeugung sowohl in seiner Monatsschrift als auch in seinem Buch „Zufällige Gedanken ...“ publiziert. Sie sind von einem anonym gebliebenen Schüler Stahls zusammengefaßt und ins Deutsche übersetzt worden in einem Werk: „Herrn G. E. Stahls gründliche und nützliche Schriften von der Natur, Erzeugung, Bereitung und Nutzbarkeit des Salpeters“, das drei Auflagen erlebte. Daß der Übersetzer genauso wie Stahl merkantilistische, auf die Entwicklung der einheimischen Produktion gerichtete Ideen mit Hilfe einer weiterentwickelten chemischen Wissenschaft verwirklichen wollte, weil sie glaubten, daß dadurch der Wohlstand der Menschen insgesamt verbessert würde, zeigen die Worte der Einleitung des Übersetzers: Die Abhandlungen Stahls hätten

lange genug unter der gelehrten Bank gesteckt und diejenigen, denen sie zu Gefallen in lateinischer Sprache geschrieben worden, haben zur Zeit noch wenig erkannt, was ihnen für ein Schatz damit in die Hände gegeben worden, noch weniger aber haben sie die patriotische Redlichkeit des Herrn Autors mit verdienter Hochachtung und Dankbarkeit beehret. Folglich habe ich diese beiden Traktate ... ins Deutsche übersetzt und meinen Landsleuten, die die lateinische Sprache nicht verstehen, mit Fleiß übergeben ... Ob diese Arbeit dem Vaterlande Nutzen schaffen werde, wird die Zeit gleichfalls zu Tage legen. Genug, daß es wahr ist, daß das werte Deutschland sich mit künstlicher Erzeugung des Salpeters eben denjenigen Vorteil zu wege bringen könnte, welchen Ostindien bishero gezogen. Die Schuld liegt an uns selbst, wenn wir solchen bisher nicht erlanget haben, oder auch hierfür nicht erlangen. [12, S. VI]

Die Ratschläge, die Stahl den Salpetersiedern gab, basieren ebenfalls auf seiner Phlogistontheorie und sollen deshalb später mit abgehandelt werden. Nur zwei, damals weit verbreitete Ansichten sollen hier erwähnt werden, die er kritisierte. Die eine beinhaltete die Behauptung, die Nordwinde wären für die Salpeterbereitung günstig, weil sie eine große Menge an „Salpeterstaub" mitbrächten. Stahl widerlegte diese Meinung mit logischen Überlegungen:

Sollte etwas ... so erhebliches an den Nordwinden sein, so könnte es ja unmöglich fehlen, daß, je weiter man nach Norden käme, je mehr müßte man auch Salpeter in selbigem Lande ... finden. Da aber von dergleichen Vorzug dieser Lande sich nirgend das geringste hervortut, so läßt sich ... wahrscheinlich machen, daß die Erzeugung des Salpeters ... eigentlich durch die Fäulung geschehe. [6, S. 23 f.]

Die zweite Behauptung bezog sich auf die Erfahrungen der Salpetersieder, die „einheimischen" Salpeter verarbeiteten. Im Gegensatz zu dem ostindischen, der hauptsächlich Kaliumnitrat enthält, besteht einheimischer aus Natrium- und Ammoniumnitrat. Da letztere Salze hygroskopisch sind,

bleibt die Materie allezeit flüssig, ja sie verschwindet und verdunstet ... unter dem starken Sieden, weswegen die Sieder ... den verunglückten Erfolg abgeschmackterweise den Bezauberungen böser Leute zuzuschreiben pflegen. [12, S. 14]

Stahls Ratschlag dagegen: Die Lösung vor dem Versieden mit Pottasche (Kaliumcarbonat)" und ungelöschtem Kalk (Calciumoxid) zu sättigen.

Stahls Vorstellungen über den korpuskularen Aufbau der Materie, über den „Mechanismus" chemischer Reaktionen und über die „Reaktionszeit"

Wie jeder Wissenschaftler war auch Stahl den chemisch-theoretischen Vorstellungen seiner Zeit verhaftet. Aber er hat sie nicht kritiklos übernommen, sondern, von seinen Beobachtungen und experimentellen Erfahrungen ausgehend, hat er nur jene Teile der „Elementenlehre" und der korpuskularmechanistischen Ansichten, besonders der von Boyle und Lemery, genutzt, die ihm zur Deutung des Beobachteten wirklich geeignet erschienen.

So verwarf Stahl die mit der 4-Elementen-Lehre tradierte Ansicht von einer unendlichen Teilbarkeit der Stoffe ebenso wie die Vorstellung von okkulten Formen und Qualitäten der Materie, die, von Überlegungen Aristoteles' ausgehend, besonders während der Scholastik im Mittelpunkt der Diskussionen gestanden hatten. Es handelte sich dabei um das von Aristoteles sehr gut erfaßte Problem des „qualitativen Sprunges" bei der Bildung von Verbindungen aus den Elementen. Schon Aristoteles hatte die Vertreter der antiken Atom-Lehre kritisiert, weil seiner berechtigten Meinung nach deren „Verbindungen" aus den Atomen oder aus den 4 Elementen nur „mechanische Mischungen" wären, die weder das Entstehen von etwas qualitativ Neuartigem, eben der Verbindung, noch die Rückverwandlung dieser Verbindung in die Elemente oder in eine andere Verbindung erklären könnten. Aristoteles hatte dieses Problem mit seiner Lehre von den aktu-potentiellen Zuständen der Materie „gelöst", wonach alle qualitativ verschiedenen Stoffe durch einen unterschiedlichen Grad des Ausgleiches zwischen den in der Materie angelegten gegensätzlichen Eigenschaften hervorgebracht werden, „potentiell" also alle Stoffe in der Materie angelegt sind, jedoch nur unter bestimmten Umständen „aktuell", in einer ganz bestimmten „Form" in Erscheinung treten. Diese, in philosophischen Spekulationen durchaus wertvollen Überlegungen, waren jedoch für jene, die *praktisch* Chemie betrieben und die beobachteten Erscheinungen ursächlich verknüpfen mußten, nicht akzeptabel. Deswegen schloß sich auch Stahl der Korpuskularlehre an und wandte sich gegen die Formenlehre der Scholastik:

Die Alten sind wegen der eigentlichen Beschaffenheit der künstlichen Verbindungsbildungen und deren Wiederauflösungen [bei Stahl: Combinationen und Resolutionen] nicht ganz informiert gewesen und haben daher von der Mischung (mixtion) und von einer neuen Form, welche die Mischung durchdringen solle, eine wunderliche Vorstellung gehabt. Denn sie haben gewollt, es soll so verstanden werden ... als wenn die Vermischung eine ganz innigste Durchdringung eines Elements [bei Stahl: Principiis] in das andere nach sich ziehen würde, daß, wenn eine solche Verbindung auch nach dem infinito mathematico in Punkte zerteilt würde, so würden dennoch auch die aller-allerkleinsten Stäubchen eine Verbindung bleiben. [4, S. 12]

Nach Stahls Meinung sind dagegen alle Verbindungen aus verschiedenen Korpuskeln in einem unterschiedlichen Grad der Strukturiertheit aufgebaut, so daß man bei einer chemischen Zersetzung diese unterschiedlichen Teilchen letztlich auch wieder herausholen kann. Es sei leicht zu erkennen, meint er, daß

in Dingen, die aus unterschiedlichen Partikeln vermischt ... sind, die närrische Zergliederung in partes extra partes [wenn man aus einem Teil wieder kleinere Teile, aus diesen noch kleinere, aus den noch kleineren immer wieder kleinere macht – I. S.] ... nicht stattfinde, sondern daß eine Trennung vorgehen müsse ... daß man aus einer bestimmten Verbindung bei der Teilung ja nicht mehr Korpuskeln erwarte, als sich zur Konstituierung eben dieser Verbindung vereinigt haben, nicht nach einer unendlichen sondern allerdings nach einer endlichen und determinierten Anzahl [4, S. 15].

Wenn sich Stahl den Vorstellungen von der korpuskularen Struktur der Materie auch anschloß, so wandte er sich jedoch gegen jene Gelehrte, die, wie ihre Begründer Leukipp und Demokrit, eine unendlich große Zahl verschiedener Partikeln angenommen hatten:

Es ist nicht nötig, eine ... so unergründliche Anzahl von Partikeln zu erdenken, von denen jedes eine neue, besondere Figur an sich haben soll ... denn weil auf diese Weise die Arten ... in infinitum anwachsen würden, so widerlegt solche Meinung alsbald die Erfahrung selbst ... indem sie uns keineswegs eine so große Anzahl ... an die Hand gibt. [4, S. 49]

Aber auch an jenen, die wie Boyle die verschiedenen Qualitäten der Stoffe allein auf unterschiedliche Größen, Figuren und Strukturen der Partikeln einer *gleichartigen* Materie zurückführten, übte Stahl Kritik: „Obgleich es wohl wahr ist, daß alle Partikeln ... in Wahrheit eine Figur haben", nicht aber eine solche, die wir genau kennen, so sei die Benennung, „diese Korpuskeln sind der Art und Natur nach irdisch, (erdig) wäßrig, feurig, luftig, glasartig, salzig, schwefelig ... fest, flüchtig, dick, verbrennlich" viel zutreffender. „Denn dieses alles ist ... gewiß und bekannt ... während jene Figuren ungewiß und schlechterdings verborgen entfernt und gar zu allgemein bleiben" [4, S. 51 f]. Es diente

zwar zur mathematischen Theorie, wenn wir abzirkeln könnten, was die Salze für Figuren, Winkel und Ecken hätten, daß daher auch die Anhängungen, Verwicklungen und Zusammenhängungen auch nach gemessenen Linien erkannt werden könnten, aber wir erlangten damit noch keine Notiz, wo die so beschaffenen Korpuskeln gesucht und vermutet werden sollten [4, S. 50].

Stahl vertrat daher eine chemische Theorie die davon ausging, daß es verschiedene „Prinzipien" oder Elemente gibt, die untereinander qualitativ verschieden und aus Atomen aufgebaut sind. Welche Stoffe dazu zu rechnen seien, vermochte auch er noch nicht zu bestimmen; er ordnete aber sein „Phlogiston“ (vgl. nächsten Abschnitt) und manchmal die verschiedenen metallischen Erden (Metalloxide) diesem Begriff zu. Diese „Principia“ verbinden sich nach Stahls Meinung durch ihre Korpuskeln zu höher organisierten Verbindungen, von denen er – in Anlehnung an die Darstellungen von Becher – die sogenannten Mixta, Composita und Decomposita unterschied. In den Definitionen, in denen er sich teilweise eng an die von Becher verwendeten anlehnte, erläuterte Stahl ein „Principium“ (Element) als einen Stoff, dessen kleinste Teilchen,

wenn man ein jedwedes davon besonders und für sich selbst betrachtet, so viel als menschlicher Verstand erreichen kann, nur von einerlei Art und von einem ganz simplen Wesen ist und nicht aus vielen Dingen, welche der Art nach [quod speciem] unterschieden sind, entstanden ist [4, S. 7].

Er glaubte, daß diese „Principia“, diese „Elemente“ nur äußerst schwierig zu isolieren seien.

Unter einem „Mixtum“ verstand Stahl eine chemische Verbindung, die durch Vereinigung verschiedenartiger Anteile zustande gekommen ist. Die einzelnen Anteile aber müßten „von ganz simplem, nicht zusammengesetztem Wesen sein“. Es muß sich also um eine Verbindung von Elementen, von „Prinzipien“ handeln. Die Vereinigung in dem „Mixtum“ sei so fest, daß die einzelnen Korpuskeln des Mixtum „in einem Zusammenhange und gleichsam in einer Gesellschaft für einen Mann stehen, doch dergestalt, daß ein jedes sein voriges und eigenes Wesen behalte“ [4, S. 11]. Zu solchen Mixta rechnete er vor allem die Metalle und den Schwefel.

Unter einem „Compositum“ verstand Stahl „Dinge, welche ferner aus der Cohaesion und der gemeinsamen Verbindung oder Vereinigung der gemischten Körper [mixta] entstanden ... sind“ [4, S. 9]. Hierzu rechnete er aus „Mixta“ zusammengesetzte Stoffe, wie z. B. das Quecksilbersulfid. Mineralien, als noch weiter zusammengesetzte Stoffe, zählte er zu den „Decomposita“.

Stahl wies darauf hin, daß man aus den Verbindungen ihre ursprünglichen Anteile wieder isolieren könne. Zum Beispiel könnte aus dem Quecksilbersulfid „Quecksilber und Schwefel jedes nach seiner gewöhnlichen Natur und Eigenschaft separiert werden; man

kann auch wieder durch Vermischung Quecksilbersulfid daraus machen und dieses wiederholen, so oft man will" [4, S. 11 f.] (im Text stehen für Quecksilbersulfid, Quecksilber und Schwefel die Zeichen: ʒʒ, ☿ vivus und △).
Auf der Basis dieser Lehre über den unterschiedlichen korpuskularen Aufbau der Stoffe hat Stahl nun auch Vorstellungen über ihre Umwandlungen, also über chemische Reaktionen entwickelt. Er ging aufgrund seiner umfangreichen experimentell erworbenen chemischen Erfahrungen nicht, wie die meisten seiner Zeitgenossen, von der Annahme aus, daß Umwandlungen, wie z. B. die Verbrennung von Schwefel oder die Verkalkung (Oxidation) von Metallen, eine einfache Zerstörung (Dissolution) dieser Stoffe darstellte, wobei aus ihnen das „Element" Feuer entweicht und die „Schwefelsäure" oder die Metallkalke zurückgelassen werden. Stahl entwickelte vielmehr auch hierfür korpuskulare Vorstellungen über den Mechanismus der *gesamten* vonstatten gehenden Reaktion. Er ging dabei von dem altüberlieferten dialektischen Grundsatz aus: Unius corruptio est alterius generatio – die Zerstörung des einen ist die Entstehung eines anderen und meinte,

daß die Wahrheit desselben sich ... über alles erstrecke, sogar, daß, wenn wir die Mixtion [Verbindung] ansehen, wir eine immer wieder neue Mixtion beobachten, wenn die vorhergehende zerstört worden ist [4, S. 20].

Stahl hielt dabei 2 Möglichkeiten der Reaktionen zwischen den Partikeln bei einer chemischen Reaktion, bei einer „Dissolution" für möglich: Das Lösende, die ursprüngliche Verbindung Zerstörende, könne entweder als Werkzeug die „Fugen" des zu Lösenden wie ein Keil durchdringen und eine bloße Trennung zustandebringen, „wie die Axt Holz spaltet, da von der Axt nichts beim Holze und vom Holze nichts bei der Axt bleibt" [4, S. 25]. Diese rein mechanische Deutung chemischer Vorgänge lehnte Stahl jedoch ab. Er vertrat die zweite der von ihm diskutierten Möglichkeiten: die Korpuskeln des einen Stoffes ergreifen jene die zerlegt werden sollen, bringen sie mit sich in Bewegung und reißen auf diese Weise die ursprüngliche Verbindung auseinander. Deswegen ist es nach Stahls Ansicht für das Verständnis chemischer Umsetzungen unbedingt notwendig, „daß wir uns den doppelten Mechanismus zu Gemüte führen, vermittels dessen man Instrumente einsetzen, um die Mixta auseinanderzulösen und den Effekt davon erzielen könne" [4, S. 21]. Wodurch es „ausgemacht zu sein scheint,

daß die ... Solutionen materialiter [durch materielle Beteiligung] und nicht bloß formaliter vor sich gehen" [4, S. 27].
Diese Erkenntnis Stahls ist für die weitere Entwicklung der Chemie von außerordentlicher Bedeutung gewesen und war ihm auch Grundlage bei der Aufstellung seiner Phlogistontheorie. Zum ersten Male wurde der „doppelte" Reaktionsmechanismus bei chemischen Umsetzungen erkannt, und damit darauf hingewiesen, daß die chemische Veränderung eines Stoffes stets mit der Veränderung eines zweiten verbunden ist, daß sich also bei chemischen Veränderungen im allgemeinen ein Prozeß zwischen Reaktionspartnern abspielt, der von bestimmten Ausgangsprodukten zu andersartigen Reaktionsprodukten führt. Auf diese Weise wurde nicht nur der veränderte Stoff, sondern auch der ihn verändernde Stoff zum Gegenstand theoretischer Betrachtungen gemacht und die chemische Umwandlung als ein aus mehreren Teilen bestehender Gesamtprozeß erfaßt. Wenn man sich vergegenwärtigt, daß Stahls Vorgänger den Verlauf chemischer Reaktionen entweder rein mechanistisch durch Stoß-, Druck- und Keilwirkungen oder überhaupt nur durch den Weggang oder das Hinzutreten bestimmter „Qualitäten" gedeutet hatten, wird man den theoretisch weiterführenden Ansatz seiner Deutungen leicht begreifen.
Welche Erkenntnismöglichkeiten seine Theorie der doppelten Umsetzung bei chemischen Reaktionen erschloß, verdeutlicht vor allem Stahls Phlogistontheorie. Aber auch die Deutung anderer chemischer Vorgänge, die ihm aus dem Hütten- und Probierwesen bekannt waren, wurde von seiner korpuskulartheoretischen Warte aus möglich. So führte er u. a. eine Erklärung für den Prozeß der Quecksilbergewinnung aus Zinnober (Quecksilbersulfid) mit Hilfe von Antimon an:

> Ein Künstler [Chemiker] kann aus der Erfahrung leicht wissen, daß das ƷƷ [Quecksilbersulfid] aus 🜍 und ☿ [Schwefel und Quecksilber] besteht, und daß die Materien, welche geeignet sind, den 🜍 noch geschwinder zu ergreifen, auch mit diesem sich zu einem Corpus vereinen, welcher dem äußeren Ansehen nach dem ;Ʒ gleich ist. Ein solcher Stoff ist das Antimon. Wenn er nun nach dieser Methode das ƷƷ zerlegt, so setzt er metallisches Antimon zu. Auf diese Weise trennt er das Quecksilber von der Verbindung mit dem Schwefel; aber aus dem losgerissenen Schwefel und dem metallischen Antimon wird ... Antimonsulfid. [4, S. 39 f.].

Stahl erfaßte und beschrieb damit eine chemische Reaktion völlig

richtig, die in heute üblicher chemischer Schreibweise lautet: $3\,HgS + 2\,Sb \rightarrow Sb_2S_3 + 3\,Hg$.
Auch den technologisch durchgeführten Prozeß des sog. Ausseigerns des Silbers aus kupferhaltigen Erzen mit Hilfe von Blei deutete Stahl auf gleiche Weise. Seine Erklärung lautet: Schwarzkupfer ist nichts anderes als geschwefeltes Kupfer. Kommt Blei darunter, wird das Blei nicht angegriffen. Ist aber unter dem Kupfersulfid auch Silbersulfid und gibt man jetzt Blei hinzu, so greift der Schwefel des Silbers „ein Körnlein Blei an und läßt das Silber ledig in das übrige Blei fahren“ [5, S. 354].
Die von Stahl auf korpuskulare Umsetzungen zwischen verschiedenen Stoffen zurückgeführten chemischen Reaktionen ließen ihn daneben aber noch erkennen, daß und warum eine größere oder geringere Reaktions*zeit* benötigt wird, um zu einem bestimmten Ergebnis zu gelangen. Er verdeutlichte diese Erscheinung z. B. an der Weinbereitung:

Also brauset der Most wohl 10, 12, 15 Wochen aneinander, bevor alle in seinem Grunde schwimmenden Partikeln ... nicht nur in Bewegung kommen, sondern auch endlich durch vielfältigen Anlauf der Bewegung, durch Annähern, Stoßen, Reiben ihre Abtrennung, Separierung und ihren Umbau [Translocation] erlangen.

Die Umstände der Zeit seien auch die „Ursache, warum bei Experimenten, die durch Schmelzen angestellt werden, verschiedentlich ein so variabler Ausgang verspürt wird“. Es werden

diejenigen, welche bei der Schmelzung der Metalle die Umstände der Zeit auf eine der Sache gemäße Art fassen können, leicht begreifen, daß dem menschlichen Verstande nach die Bewegungen unzählbar sind, welche sich in einer einzigen Viertel Stunde bei völligem Flusse des Metalls mit allen Partikeln derselben Masse ereignen [4, S. 28 f.].

Stahls Phlogistonlehre in Theorie und Praxis

Auf der Grundlage seiner Vorstellungen über die korpuskulare Struktur der Materie, seiner Beobachtungen in der gewerblich-chemischen Praxis sowie daran angeschlossener experimenteller Untersuchungen, hat Stahl seine Lehre vom Phlogiston entwickelt und erstmals 1697 in seinem Buch über die Gärkunst sowie in seiner Monatsschrift vorgestellt. Er hat sie aber nicht systematisch als eine neue Theorie dargelegt sondern sie dort sofort angewandt, um sein „Experiment, Schwefel durch chemische Kunst zu bereiten" theoretisch zu erläutern. Diese theoretische Darlegung setzt jedoch einen Erkenntnisstand, einen bestimmten Grad an theoretischer Abstraktion voraus, den Stahl entwicklungsgeschichtlich gesehen, nicht an diesem Experiment – wie unten belegt werden wird – sondern schon früher, bei seinen Beobachtungen und Experimenten über die Vorgänge im Hüttenwesen erreicht hatte. Aus diesem Grunde soll zunächst auf die Herausbildung von Stahls Ideen vom Phlogiston, auf dessen Rolle bei der Metallgewinnung sowie auf den Prozeß der Entstehung seiner Phlogistontheorie eingegangen werden, so wie sich dieser aus seinen autobiographischen Schilderungen rekonstruieren läßt.

Wie schon ausgeführt wurde, hatte Stahl sich bereits in seiner Jugend für den Vorgang der Metallgewinnung aus Erzen interessiert und dabei insbesondere nach der Bedeutung der zugesetzten Holzkohle gefragt. Eine Erklärung für ihre notwendige Anwesenheit bei diesem Prozeß fand er zunächst zufällig und dann gezielt beim Experimentieren. Er berichtete darüber:

Die Sache selbst war mir zuerst verdrießlich, daß nämlich, wenn ich eine recht saubere, durchsichtige Schlacke aus einem reinen regulo antimonii [metallisches Antimon] gemacht hatte und mir eine Kohle hineinfiel, der regulus aus der Schlacke hurtig wieder niederfiel. Da mir ... dergleichen einige Male begegnet war und ich daher Anlaß genommen, den Versuch ausdrücklich und vorsätzlich auf diesen Erfolg zu machen, solcher auch nicht nur ordentlich, richtig und unfehlbar eintraf sondern auch ... soviel wie ich vom regulus genommen hatte ... wieder in seine metallhafte Gestalt brachte, sooft es mir beliebte: da war es gewiß an der Zeit, die Sache mit etwas anderem Bedacht zu erwägen, als bisher bei allen chymicis ... gewöhnlich gewesen und deren wesentliche Ursachen besser nachzudenken. [6, S. 15 f.]

Ähnliches beobachtete Stahl auch bei einem anderen Experiment: Wenn man etwas Bleikalk (Bleioxid) von der Größe einer Erbse nimmt,

ein mäßiges Höhlchen in eine Kohle macht, dieses darein drückt und mit eines Goldschmieds Lötröhrchen die Flamme von einem Licht mit heller Spitze darauf treibt, so fließt es zu Glas. Man gebe nun acht, wenn dieser Glastropfen den glühenden Rand der Kohle erreicht, so wird er ein klein wenig zischen und augenblicklich wieder Blei sein und auch alles das übrige gleichmäßig zu Blei werden. [5, S. 119 f.]

Aus seinen Beobachtungen in den Schmelzhütten und bei den Zinngießern sowie aus seinen Experimenten folgerte Stahl daher,

9 Das „Probieren" von Erzen auf ihren Kupfergehalt (nach L. Ercker 1580)

daß bei der Verhüttung der Erze, bei der Reduktion der sog. Metallkalke (Oxide), die Kohle eine ganz bestimmte Rolle spielen müsse, die nicht allein – wie die Handwerker meinten – darin bestand, hohe Temperaturen zu erzeugen und dem Metall einen Schutz vor der Zugluft zu gewähren. Seine Beobachtungen ließen ihn schlußfolgern, daß die Kohle einen „materiellen Beitrag" zu dem Vorgang der Metallbildung leistet, daß beim Schmelzen „durch und unter die Kohlen ... wirklich etwas Körperliches zu dem Metall beigetragen bzw. beigefügt werde" [5, S. 135]. Mit anderen Worten: Stahl nahm an, daß ein bestimmter Bestandteil der Kohlen, der auch im Pech, im Talg oder Öl in großer Menge enthalten sei, beim Reduktionsprozeß der Erze zu den „Metallkalken", den „ausgebrannten Metallen", also nach heutigem Sprachgebrauch zu den Metalloxiden hinzutrete, wodurch sie in

10 Schmelzofen zur Bleigewinnung um 1580
A Hauptwand des Ofens; B Seitenwände; C Kohlengestübe, den Boden der Seitenwand verschließend; D Schmelzer, der den Galmei (Zinkoxid) abstößt; E Herd; F Bleischlacken; G Erz; H Schieferplatte zum Verschließen des linken Ofens

Metall zurückverwandelt werden. Diesen Stoff nannte er „Phlogiston". Der Reduktionsprozeß stellte sich Stahl also nach seinen Beobachtungen und Experimenten als ein chemischer Prozeß dar, bei dem das materielle „Principium" (Element) Phlogiston sich mit Metallkalk vereinigt und damit das Metall zurückgebildet wird. Diese Annahme implizierte, daß die verschiedenen Metalle zusammengesetzte Körper, „Mixta", sehr feste Verbindungen aus den verschiedenen Metallkalken (-oxiden) und Phlogiston wären.

Beim Erhitzen der Metalle im Feuer werden sie „ausgebrannt", in „Kalke" verwandelt, was nach Stahl dadurch geschieht, daß das Phlogiston aus seiner Verbindung mit dem „Metallkalk" losgerissen wird, entweicht und dabei den „Kalk" zurückläßt. Beim Reduktionsprozeß tritt nun umgekehrt das seiner Meinung nach in der Holzkohle enthaltene Phlogiston wieder zum Metallkalk hinzu und reduziert diesen dabei zum Metall.

Stahl stellte sich diesen chemischen Prozeß in seinen korpuskularen Abläufen so vor, daß die Phlogistonkorpuskeln beim Erhitzen aus ihrer ursprünglichen Verbindung herausgerissen werden und sich dann – im Falle der Reduktion – mit den Korpuskeln des „Metallkalks" verbinden. Im Falle der Verbrennung oder Verkalkung (Oxidation) glaubte er, daß die sich lösenden Phlogistonkorpuskeln in die sie umgebende Luft entweichen und dort vorhandene Korpuskeln in rasche, wirbelnde Bewegung versetzen würden. Dadurch entstünde eine Drehbewegung, die nach seiner Meinung die Hitze, die Wärme, ja die Flamme verursachte.

Stahl gelangte also bei der Aufstellung seiner Phlogistontheorie nicht nur zu einer Deutung der chemischen Prozesse von Oxidation und Reduktion, wenn diese auch unvollständig und damit noch unrichtig war; er entwickelte gleichzeitig auch eine mechanische Wärmetheorie auf der Basis seiner Phlogistonlehre. Nicht, daß er annahm, Phlogiston sei ein „Wärmestoff", dessen bloße An- oder Abwesenheit das Phänomen der Wärme hervorriefe, wie manche Historiker ihm später unterstellten! Für Stahl war die Wärme oder das Feuer

> eine Zusammenhäufung solcher Partikeln, die durch einen heftigen motum verticilarem – eine Bewegung wie ein Strudel im Wasser von oben in die Runde – herumgetrieben werden. Wenn die Partikeln nicht durch diese Bewegung getrieben werden, so sind sie auch nicht Feuer. [4, S. 53]

In diesem Sinne schrieb er an anderer Stelle noch deutlicher:

> Vom Feuer ist hier zu merken, daß man sich dasselbe nicht als eine absolute Materie, die für sich selbst besteht, vorstellen müsse, die ihrer einfachen, reinen und bloßen Art nach dasjenige ausmache, was wir Feuer nennen; nein, keineswegs; sondern wir verstehen das entzündete, brennende, flammende Feuer, wozu vonnöten ist, daß die feurige Materie [Phlogiston – I. S.] mit anderen Dingen zusammentrete ... Jedoch mit der ausdrücklichen Bedingung, daß auch bei dieser Vereinigung mit anderen Dingen diejenige Substanz, die zuerst und direkt in der Lage ist, den ganzen zusammenhaltenden Komplex in die feurige Bewegung zu versetzen, allein dieses principium [das „Element Phlogiston" – I. S.] sei. [4, S. 44]

Wenn das „Element Phlogiston“ bei der Verkalkung (Oxidation) der Metalle aus diesen entweicht, so bringt es die Luftpartikeln in jene feurige Bewegung und verschwindet dabei zunächst:

Wenn es ... einmal mit Zutun der freien Luft ... verflogen ..., sei keine bekannte Wissenschaft in der Lage, es zu erkennen und keine menschliche Kunst fähig, es wieder zusammenzutreiben. [5, S. 79]

Damit erklärte Stahl, warum es ihm nie gelungen war, sein Phlogiston – das ja in Wirklichkeit gar nicht existierte – als elementaren Stoff zu isolieren und vorzuzeigen. Bei seinem wirbelnden Austritt in die Luft ging es jedoch nicht verloren, sondern es kehrte seiner Meinung nach in einem Kreislauf auf die Erde zurück. Er machte in diesem Zusammenhang darauf aufmerksam, daß man nicht nur das Mineral-, Tier- und Pflanzenreich bei der Untersuchung chemischer Prozesse betrachten dürfe, sondern daß man auch das „regnum meteoricum oder Dunst-Kreis-Reich“ mit in Betracht ziehen müsse, weil „in diesem ... die reinen vermischlichen Wesen [Elemente wie z. B. Phlogiston – I. S.] frei und ohne merkliche Verknüpfung in unermeßlicher Menge herumschweben“ [7, S. 121]. Nach Stahls Meinung wird das Phlogiston nun von Pflanzen aus der Erde aufgenommen, wie auch „höchst glaublich und wahrscheinlich bemerkt werden kann, daß es selbst aus der Luft in deren Wachstum mit eingeflochten wird“ [5, S. 84]. Er belegt diese Behauptung mit dem Hinweis darauf, daß alle harzigen, ätherische Öle produzierenden Bäume in magerem, sandigem Grund wachsen, niemand aber annehmen würde, daß ihre

unsägliche Menge Harz-Fettigkeit ... schlechterdings aus ... Sand selbst wurde, sondern viel glaubhafter ist, daß sie ... aus der vermischten Luft oder Atmosphäre aufgesogen werden, [die mit] ausgesondertem principio inflammabilitatis [d. i. Phlogiston – I. S.] angefüllt und im Überfluß versehen ist [5, S. 85].

Das von den Pflanzen aufgenommene Phlogiston dient nach Stahl besonders zur Bildung von deren „fettigen“, öligen Bestandteilen, so wie das Phlogiston seiner Meinung nach auch die „fettige“ Beschaffenheit von Kohlen, Wachs, Pech und Öl verursachte, in denen es ja in großen Mengen enthalten sein sollte.

So konstruierte er einen Kreislauf des Phlogistons zwischen dem Mineral-, Pflanzen- und Tierreich sowie der Atmosphäre. Das von den Pflanzen aus Mineralien sowie aus der Luft aufgenom-

mene Phlogiston wird in deren Substanz eingebaut. „Da aber ... das Tierreich die Nahrung ursprünglich aus den Vegetabilien nehme ... so ist eine leicht zu lösende Frage, woher die Tiere überhaupt ihre Fettigkeit nehmen." [5, S. 85] Durch Verwesen der Pflanzen und Verfaulen der Tiere gelangt das Phlogiston wieder ins Mineralreich, teils aber auch in die Luft, die außerdem durch Verbrennungen und Verkalkungen mit Phlogiston angereichert wird (und darüber hinaus insbesondere mit „schwefelsauren Wesen" – also mit SO_2 und SO_3).
Da Stahl sein Phlogiston nicht isolieren, sondern es nur an seinen Wirkungen erkennen konnte – Wärme, Feuer zu erzeugen oder Metallkalke zu reduzieren, d. h., ihnen ihre „Ausbrennbarkeit", ihre Oxidierbarkeit zurückzugeben –, hat er ihm seine charakterisierende Bezeichnung „Phlogiston" gegeben:

Aus diesen Umständen habe ich dafür gehalten, daß man ihm keine passendere Benennung als das erste, eigentliche, gründliche, brennliche Wesen geben könne ... deswegen habe ich es mit dem griechischen Namen Phlogiston, zu deutsch brennlich belegt. [5, S. 79 f.]

Von diesem Stand des Wissens über die Rolle der Kohle (bzw. seines vermeintlichen Phlogistons) beim Reduktionsprozeß ausgehend, hat Stahl nun auch sein Experiment „Schwefel durch chemische Kunst zu erzeugen" geschildert und erläutert und hat an diesem Beispiel seine Vorstellungen über die Wirkungen des Phlogistons beim Verbrennungs- und Reduktionsvorgang 1697 in seiner „Zymotechnia" [1] überhaupt erstmals bekannt gemacht. Wie Stahl zu diesem Experiment gekommen ist, hat er später selbst geschildert, so daß wir dadurch auch über die Genesis seiner Gedankengänge genau unterrichtet sind. Er schreibt:

Als ich mit den sulfurierten Alkalien [Alkalisulfide und -sulfate – I. S.] allerhand Versuche durchführte ... und damit Proben auf die trockene oder Gußscheidung des Goldes vom Silber machte ... und meine Silber-Reduktions-Schlacke, die ich durch Verbrennung mit Salpeter bekommen, gelöst und ziemlich viel leichte Staub-Erde darin gefunden hatte, geriet ich auf den Gedanken, ob etwa durch nochmalige Reduktion dieses Salzes noch etwas daraus zu gewinnen sein möchte. Weil mir nun die Ursache der metallischen Reduktionen durch das verbrennliche Wesen der Kohlen schon von längerem her wissend genug war, vermischte ich diese Salz-Schlacke mit Kohlenstaub und schmolz sie, wie ich wußte, daß man schmelzen muß. Da ich aber meine Kunst ausgegossen hatte, fand ich zwar keinen metallischen regulum, aber mein ganzes Werk wie das schönste Blut. Weil ich

... wissen mußte, wie ein schönes Hepar Sulphuris [Schwefelleber – I. S.] aussieht ... so brauchte ich auch keinen Ausleger, was nun dieses wäre. Alcali hatte ich genommen, Schwefel damit geschmolzen, diesen mit Salpeter ausgebrannt. [5, S. 108 f.]

Stahl war es klar – wie er weiter berichtete –, daß sich beim Prozeß zunächst Alkalisulfat bildete, das er nun mit den Kohlen reduziert hatte. Das Ergebnis war jener Hepar, die Schwefelleber (ein Gemisch von Polysulfiden und Thiosulfaten), die sich an der Luft zersetzte, wobei Schwefel wieder ausgeschieden wurde.
Dieses Experiment: Schwefel zunächst in ein Alkalisulfid, dann durch Oxidation in Schwefelsäure bzw. Sulfat zu verwandeln und dieses durch Schmelzen mit Kohlen wieder in Schwefel zurückzuführen, zu reduzieren, war nun der Ausgangspunkt zu Stahls Annahme, daß sein Phlogiston nicht nur in den Kohlen und in den Metallen enthalten, sondern daß es auch ein wesentlicher Bestandteil der – wie er meinte – „Verbindung“ Schwefel sei. Schwefel war nach seiner Meinung eine Verbindung, ein mixtum aus Schwefelsäure und Phlogiston. Durch Glühen entwichen die Phlogistonpartikeln in die Luft und Schwefelsäure blieb zurück. Letztere, in ein Sulfat verwandelt, ließ sich durch Zugabe von Phlogiston beim Glühen mit Kohle wieder in den „Ausgangsschwefel“ zurückverwandeln.
Da Stahl schildert, daß er bei seinem Experiment die Reduktion des Sulfates mit Kohle ausdrücklich und absichtlich deswegen durchführte, weil ihm „die Ursach der metallischen Reduktionen durch das verbrennliche Wesen der Kohlen [Phlogiston – I. S.] schon von längerem her wissend genug war“, kann man mit Recht davon ausgehen, daß Stahl seine Phlogistontheorie ursprünglich am Prozeß der Metallverhüttung abstrahiert, aber erst aufgrund seines Schwefel-Experimentes als genügend allgemeingültig und gesichert angesehen hat, so daß er sie an diesem Beispiel erstmals bekannt machte. Daß er gerade dieses Beispiel wählte, hat seinen Grund gewiß darin, daß er damit an die noch herrschende chemische Lehre über den Aufbau der Stoffe aus den 3 Prinzipien Schwefel, Quecksilber und Salz sehr leicht anknüpfen und seine Weiterentwicklung dieser Lehre deutlich machen konnte: Der Schwefel war nach seinen Erfahrungen kein Prinzipium, kein Element sondern eine Verbindung. Er enthielt neben Schwefelsäure das „Element der Brennbarkeit“, das Phlogiston, das auch ein we-

sentlicher Bestandteil der Metalle und der Kohle war. In all diesen Stoffen war nach Stahls Meinung Phlogiston der wesentliche Bestandteil, der ihre Brennbarkeit, ihre Oxidierbarkeit bewirkte. Das Phlogiston konnte aus ihnen „ausgebrannt“, ihnen aber umgekehrt auch wieder zugefügt werden. Mit dem Phlogiston glaubte er ein echtes Principium, einen wirklich elementaren Stoff entdeckt zu haben, dessen Anteil an den verschiedensten Verbindungen, wie allen Metallen, der Kohle, dem Schwefel, auch dem Salpeter sich experimentell nachweisen ließ und der auch die Ursache verschiedener physikalischer und chemischer Eigenschaften der Stoffe sein sollte.

So glaubte Stahl z. B., daß der Gehalt an Phlogiston den metallischen Glanz und die Schmiedbarkeit der Metalle verursachen würde. Die Wahrheit der Existenz „von dem körperlichen brennlichen Wesen als einem wirklichen Anteil dieser Metalle“ erweist sich „auch durch deren Wiedererstattung und Ergänzung – wodurch sie nämlich wieder ihre dichte, glänzende und hammerschmiedige oder geschmeidige Gestalt ... erlangen“, weil „dasjenige brennliche Wesen ihnen körperlich wieder beigebracht wird, welches durch das Glühen ... ihnen entzogen war“ [5, S. 131]. In diesem Zusammenhang kritisierte Stahl außerdem noch jene „unerfahrenen Schreiber“, die nicht, wie er, die Gegenwart des Phlogistons, sondern „alkalische Salze“ als Wesentliches des Reduktionsprozesses dafür verantwortlich machten, „wie man dergleichen Metalle aus ihrer Aschen-Gestalt durch die alkalischen Salze in metallische Schmeidigkeit reduzieren könne und müsse“. Sie erklärten deren Wirkung damit, „daß das Acidum des Feuers, welches diese Metalle in Aschengestalt zerbissen habe, gedämpft würde und also das Metall wieder zusammenlaufen könne“ [5, S. 132].

Die vermeintlich unterschiedlich feste Bindung zwischen den verschiedenen Metallkalken und Phlogiston sollte nach Stahls Meinung Ursache der unterschiedlichen Leichtigkeit sein, mit der Metalle von Säuren aufgelöst bzw. durch andere Metalle aus ihren Salzlösungen verdrängt und damit wieder abgeschieden werden. Für die Auflösbarkeit in Säuren machte er generell das Phlogiston verantwortlich, das durch die Säuren aus seiner Verbindung mit dem Metallkalk vertrieben würde, wodurch sich „das salzige Wesen“ der Säuren an den Metallkalk hängen und das Salz bilden könnte. Je unedler ein Metall, je schwächer nach Stahl die Bindung zwischen Metallkalk und Phlogiston sei, desto leichter würde letzteres vertrieben und das Metall aufgelöst – am leichtesten Zink, danach Eisen, Kupfer, Blei und Zinn, danach Quecksilber, Silber und Gold. Wenn sich Silber mit Salzsäure verbunden hat, kann durch Zugabe eines unedleren Metalls, z. B. von Blei, erreicht werden, daß „das Kochsalzwesen [Salzsäure – I. S.] sich an das Blei anschläget und also das Silber fahren läßt; von dem Blei an das Antimon oder auch das Zinn; nachher . . . an Kupfer, Eisen, Zink“ [6, S. 244]. Stahl glaubte, daß die genannte Reihenfolge der Metalle – die etwa der später aufgestellten sog. elektrochemischen Spannungsreihe entspricht – durch eine unterschiedlich feste Verbindung des Phlogistons mit den verschiedenen Metallkalken bedingt würde.

Von der Basis seiner Phlogistontheorie aus, die die Existenz des Phlogistons in vielen Verbindungen aller „Naturreiche – des Tier-, Pflanzen- und Mineralreichs sowie der Atmosphäre – voraussetzte, hat Stahl nun auch versucht, die in den Gewerben beobachteten chemischen Vorgänge zu erklären und damit den Handwerkern Ratschläge zur Verbesserung der Produktionsabläufe zu geben.

Daß seine Erläuterungen bezüglich der Färberei und der dort vor sich gehenden komplizierten Vorgänge zwischen organischen Molekülen nur äußerliche und auf Erfahrung beruhende Hinweise sein konnten, versteht sich von selbst. Etwas bessere Hilfe leisteten ihm seine Phlogistontheorie und seine korpuskularmechanistischen Vorstellungen bei der Deutung der Vorgänge im Gärwesen. Auf Grund seiner Beobachtungen und Untersuchungen kam er hier zu dem Schluß, daß die Gärung wesensverwandt mit der Fäulnis sei, da sie beide auf einer Zersetzung chemischer Verbindungen beruhen, „daß die Fäulung vielmehr als eine allgemeinere Art anzusehen, unter welcher sich die Gärung als eine bloße Gattung derselben befindet“ [1, S. 15]. Der Unterschied bestehe in den unterschiedlichen Ausgangsmaterialien, die bezüglich der Gärung Most, Zuckerlösung, Weizen- oder Roggenschleim sein könnten. Diese Stoffe bestehen nach Stahl aus Verbindungen, die salzige und erdige Bestandteile sowie Phlogiston enthalten. Durch Wärme, die er ja, wie bereits ausgeführt, als Bewegung der kleinsten Teilchen verstand, würden die Ausgangsstoffe in ihrer ursprünglichen Zusammensetzung zerstört und die einzelnen Bausteine andersartig

An den Kunstliebenden Leser.

DEm günstigen Leser ist/ ohn unser Erinnern/ selbst bester massen bekant/ was die richtige und gute Zubereitung der Manufacturen/ zu Erhaltung derer nützlich- und nöthigen Commercien; und einfolgig vermittelst guter Nahrung der Bürger und Unterthanen/ zu rühmlichen Auffnehmen eines Landes oder gemeinen Wesens/ beyzutragen vermöge: Und wie im Gegentheil/ wo solche entweder nachläßig/ oder wol gar nicht/ in acht genommen oder handtieret werden/ das Geld durch ihre nöthig habende anderweite Erkauffung/ in frembde Hände/ und deren durch unsern Abgang erwachsendes Auff- und Ubernehmen/ gerathe und gereiche.

Wann dann/ unter andern/ die durch Färberey-Kunst zubereitete Waaren nicht allein sehr nützlich/ sondern fast gantz unvermißlich/ und dahero zu Unterhaltung der Handelschafft/ und daraus erfolgender Bereicherung Länder und Republiquen/ mehr als viel andere Arbeit/ ersprießlich/ wie solches die vereinigte Niederlanden/ auch Franckreich und Spanien/ wohl erkennen/ und die Frucht ihrer hierinn haltenden guten Auffsicht und Verordnungen/ von uns Teutschen mit Wucher geniessen.

Als ist der Herr Verleger dieses Büchleins in aller Zuversicht/ dem gemeinen Besten vieler Herrschafften/ und Privat-Nutzen aller Kunstliebenden/ hierinnen nützlich und annehmliche Dienste: nicht weniger viel Personen/ die zwar die Färberey-Kunst ordentlich erlernet/ dabey aber wie fast durchgehends bey erlerneten Handwerck- und Künsten geschiehet/ des Grundes und Ursachen/ weßwegen dieß oder jenes so oder anders gehandelt werden müsse/ gantz unkundig/ und deßwegen offt im versehen Schaden/ und wol gar Verderben/ gerathen/ trefflichen Vorschub zu thun/ bewogen worden/ solches erstlich aus

b 2 dem

11 Aus der Vorrede Stahls zur deutschen Übersetzung der „Anleitung zur Färbekunst“

verknüpft, wobei er die Phlogistonpartikeln, die er in allen genannten Ausgangsstoffen annahm, für die „Geisthaftigkeit“, also den Alkoholgehalt des entstandenen Weines und Bieres verantwortlich machte.

Auch die Rolle der Fermente bei Gärung und Fäulnis versuchte Stahl zu deuten, also die Beobachtung, daß z. B. Traubensaft durch gärenden Most bzw. Fleisch durch eine kleine Menge faulenden Fleisches rasch zur Gärung bzw. Fäulnis gebracht werden kann. Da er als wesentlichstes Moment „die Bewegtheit des gärenden Systems“ ansah, erklärte er die Wirkung der Fermente damit, daß der Übertritt der Bewegung aus dem einen Körper in den anderen umso schneller vor sich gehe, je „proportionierter der Figur nach“ [1, S. 289] der schon bewegte Körper zu dem zu bewegenden sei. Fermente übertragen danach die „gärhafte Bewegung“ auf die noch in Ruhe befindlichen Ausgangsstoffe.

Stahls Arbeit über die Gärkunst, seine „Zymotechnia fundamentalis“ [1], ist im wesentlichen theoretisch gehalten. Am Schluß dieses Buches kündigte er einen 2. Teil an, der die „nützliche Anwendung“ zum Gegenstand haben sollte. Jedoch ist dieser Teil nie im Druck erschienen, obgleich Stahl ihn offensichtlich verfaßt hat, wie aus den Worten seines Übersetzers folgt: Die Publikation ist

> bisher aus ganz besonderen Ursachen, die der Herr Autor vermutlich dazu gehabt hat, nicht geschehen, obgleich er vielfältig darum ersucht worden. Und obgleich vor einigen Jahren der Leipziger Messe-Katalog Hoffnung gemacht, daß beide Teile das Licht sehen würden; auch damals die Rede gegangen, daß dieses Buch einem gewissen Waisenhause zum Verlag geschenkt worden; so hat man doch nichts weiter davon ... gesehen. [1, Vorwort]

Es ist zu vermuten, daß Stahls Werk vom „Waisenhause“, von der Unternehmung Franckes, aus Konkurrenzgründen nicht gedruckt worden ist. Vielleicht wollte Francke die allgemeine Bekanntgabe allzu vieler Handgriffe vermeiden, da das Waisenhaus selbst eine Brauerei besaß, an deren Umsatz es sehr interessiert war. Aus Unterlagen im Archiv der Franckeschen Stiftungen folgt nämlich, daß das gebraute Bier zwar bis 1711 nur an die Schüler und Studenten des Waisenhauses ausgeschenkt, 1711 jedoch eine zweite Braugenehmigung erteilt wurde. Dieses Bier wurde mit Akzise belegt und verkauft. 1714/15 wurde sogar ein neues Brau- und Darrhaus eingerichtet und 1731 verbessert. Auch die ältere Brauerei brachte man 1741 in einem zweistöckigen festen Back- und Brauhaus unter. Beide produzierten während des gesamten 18. Jh.

Auch für die Salpeter-Züchtung hat Stahl seine Phlogistonlehre zur Deutung herangezogen. Seiner Meinung nach war es nötig, sich genaue Kenntnis über das „Wesen“ des Salpeters zu verschaffen, um daraus begründete Ratschläge für dessen Züchtung und Reinigung zu geben. Nach seiner Auffassung erfolgt die Salpeter-Bildung durch Fäulnis, „besonders tierischer aber auch zartester pflanzlicher Dinge“ [5, S. 181]. Da nichts faulen könne, was nicht

12 Salpeterplantagen (nach L. Ercker 1580)

„eine Fettigkeit“ enthält, deren wesentlichster Bestandteil Phlogiston sei, so folge, daß der „Salpeter aus fettigtem Wesen erwächst“ und Phlogiston in seine Verbindung eingehe. Dementsprechend sah Stahl nicht den von anderen vermuteten „Salpeterstaub der Nordwinde“ als wesentlichste Voraussetzung für seine Erzeugung an, sondern folgendes: schnellfaulende animalische Stoffe, Wärme – aber keine pralle Sonne, Feuchtigkeit – aber keinen Regen, Zutritt der Luft.

Daß sich Phlogiston – aus den ursprünglichen „fettigten“ animalischen Stoffen – auch in der Verbindung des Salpeters befinde, beweist nach Stahl „1. seine Flüchtigkeit, 2. seine ... Farbe, 3. sein starker Geruch ... am allerdeutlichsten aber ... seine Flammen-Entzündung“ [5, S. 182]. Einer solchen Zusammensetzung des Salpeters widersprach, daß er für sich allein nicht zum Entzünden gebracht werden konnte, während er sich mit Stoffen, die nach Stahl ebenfalls phlogistonhaltig sind, wie z. B. Metallen, unter Umständen sogar explosionsartig zersetzte. Diese Beobachtung

13 Salpetersieden (nach L. Ercker 1580)

deutete Stahl lediglich korpuskularmechanistisch: die Verbindung des Phlogistons mit den salzigen Teilchen im Salpeter sei

so fest verbunden, daß es auch langes Feuer ertragen kann. Wird aber den brennlichen Teilchen [Phlogiston – I. S.] ... Hilfe getan und es dadurch verstärkt [durch das Phlogiston des Metalls – I. S.], so hilft jenes beitretende brennliche Wesen dem bis dahin eingefangenen, das Übergewicht zu geben, um sich zugleich durch die feurige Bewegung von seinem vorigen Band loszureißen. [5, S. 186]

Die besten Erklärungen und Hinweise vermochte Stahl indes mit seiner Phlogistontheorie dem Hüttenwesen zu geben, aus dessen Beobachtungen er seine Lehre ja ursprünglich überhaupt abstrahiert hatte. Allerdings unterlegte er auch hier seine Hinweise stark mit theoretischen Erörterungen und auch mit Polemik, zu der ihn seine wissenschaftlichen Gegner veranlaßten, so daß Handwerker und Hüttenarbeiter wahrscheinlich nur mit einiger Mühe direkte Anleitung daraus entnehmen konnten. Erst Stahls Schüler haben sich dann bemüht, die dargelegten Zusammenhänge detaillierter und anwendbarer darzustellen. Ihm selbst ging es mehr darum, theoretisch den Nutzen aufzuzeigen, den die Anwendung seiner wissenschaftlichen Einsichten über das Phlogiston und dessen Rolle im Röst- und Reduktionsprozeß, aber auch in den chemischen Umsetzungen zwischen verschiedenen Metallen und dem Schwefel für die Praxis der Erzverhüttung bringen könnte. In diesem Sinne schrieb er z. B.:

Was diese Wissenschaft beim Rösten, Schmelzen, Verbessern und Reduzieren der Metallerze, Schlacken, Aschen und Hammerschläge zu bedeuten habe, kann keiner verstehen, der ... die gewöhnlichen Bergwerks- und Erzbearbeitungen, Schmelzerei-Versauungen, Krätz-Ofenbrüche, Hüttenrauch und Herd-Abgänge ... nicht in gebührlichen Betracht zieht und dasjenige, wovon gegenwärtig die Rede ist, nicht gründlich kennt [5, S. 117]

Die Metalle gegeneinander verdienen die meiste Aufmerksamkeit, wie der Schwefel eines leichter als das andere ergreift; welches durch folgendes Experiment am klarsten zu erweisen ist: Wenn man Zinnober [HgS – I. S.], z. B. 6 Unzen, mit 2 Unzen Antimon aus einer Retorte treibt, so geht das Quecksilber lebendig über; der Schwefel aber wird mit dem Antimon, so viel er ergreifen kann, zu Spießglas [Sb_2S_3 – I. S.].
3 Teile von diesem Spießglas mit 2 Teilen Silber verdeckt geschmolzen, so zieht das Silber den Schwefel an sich ... und steht in einer Schlacke oben.
Diese Silber-Schlacke mit gleicher Masse an Blei wieder verdeckt geschmolzen, so fällt das Silber mit etwas Blei, und obenauf steht eine schwefelige Bleischlacke.
Diese Blei-Schlacke mit halb so viel Kupfer geschmolzen; so fällt das Blei, und steht eine schwefelige Kupferschlacke darüber.
Diese Schlacke mit halb so viel regulum antimonii [Antimon – I. S.] und halb so viel Eisen geschmolzen; so fallt das Kupfer in den regulum (welcher nur deswegen dazugesetzt wird, weil das Kupfer allein gar zu schwer schmilzt), und oben steht eine schweflige Eisenschlacke.
Diese Eisenschlacke klein zerrieben und mit Scheidewasser [HNO_3 – I. S.] das Eisen gelöst; so liegt der Schwefel am Boden; ist zwar schwarz – wenn man ihn aber sublimiert, geht er gelb in die gewöhnliche Blüte. [5, S. 350/351]

Durch dieses Experiment, das nach Stahls Meinung ebenfalls auf der unterschiedlich festen Bindung des Phlogistons in den verschiedenen Metallen beruht,

erweist sich des Schwefels Abfall, von einem Metall an das andere. Ein Grund zu vielem und schnellem Feinmachen des einen oder anderen Metalls im Großen ... oder zu schneller Konzentration desselben aus seinem allzu schwefligen Stand. Wovon ich etliche Vorschläge von großem Vorteil tun könnte. ... Wie manches langweilige Rösten, heißgrädiges Schmelzen, Sauen und haltige Schlacken unglaublich anders ausfallen könnten, wenn man Eisen nicht zum Schaden sondern zum Nutzen anzuwenden und zu öfterem Wiedergebrauch beizubehalten, auch ein Werk dem anderen nicht zur Hinderung sondern zur Förderung einzurichten sich bemühen würde. Da noch manche antimonialische Erze, die so zu nichts taugen, manche Speise, tauben Kiese u. a. m. einerseits zum Fällen und Niederschlagen, andererseits zum Ausziehen, Verschlacken, als willkürlicher Abraum dienen könnten; wobei auch große Zeitersparnis und mancherorts reinlichere Arbeiten als gewohnte Weitläufigkeit möglich sind. [5, S. 351 f.]

Während seiner Wirkenszeit in Berlin publizierte Stahl 1723 noch ein Werk über die Salze. Sein Titel „Ausführliche Betrachtung und zulänglicher Beweiß von den Saltzen, daß dieselbe aus einer zarten Erde mit Wasser innig verbunden, bestehen", läßt wenig von dem eigentlichen Gegenstand dieser Abhandlung ahnen. Stahl hat hierin, wiederum in Anlehnung an Becher, dessen Ansicht übernommen, daß Salze letztlich aus einem „erdigen" und einem „wässrigen" Prinzipium zusammengesetzt sind. Er hat sich aber in seinen Darlegungen dann recht konkret mit den eigentlichen verschiedenen „Saltzwesen" beschäftigt, von denen er nannte: als sog. unterirdische das Schwefel-, Vitriol- und Alaun-Salzwesen (Sulfate), dann das „Koch-Saltzwesen, auch den Salpeter und letztlich den Borax" [6, S. 30 f.]. „Saltzigkeit" findet sich nach Stahl auch über der Erde, in allen Gewächsen. Ferner rechnet er zu den „überirdischen" noch die „künstlichen" Salze aus Wein und Essig; ferner „fixe" und „flüchtige" Salze (Soda, Potasche und Salmiak). Auch in der Luft sei „eine unbegreifliche Menge saltzsaurer und anderer saltzerigter Dünste" vorhanden, weil aus Vulkanen eine „unbegreifliche Menge schwefeligter Materie ... in die Luft kommt" und ferner „durch das Rösten der Erze in die Luft getrieben wird" [6, S. 31]. Über die chemische Zusammensetzung der Salze entwickelte Stahl schon recht gute Vorstellungen, die er aus ihrer Entstehung ableitete. So erklärte er z. B. die Einwirkung von Schwefelsäure auf Salmiak (Ammoniumchlorid) damit, daß die Schwefelsäure „das flüchtige Alcali von dem acido des Kochsalzes [also der Salzsäure] hinwegreiße, wodurch dieses frei davon geht und sich als ein spiritus sali [als HCl-Gas] zeigt" [6, S. 80].

Stahl hat in dieser Abhandlung auch erstmals auf die quantitative Zusammensetzung der Salze aufmerksam gemacht und darauf, daß sich z. B. das Silber nicht mit einer beliebigen Menge von Schwe-

felsäure vereinigt, sondern nur mit so viel, wie ihrem „pondus naturae“, ihrem „Naturgewicht“ entspricht [6, S. 242]. Stahls Methode, dieses „Naturgewicht“ zu bestimmen, bestand darin: „wenn man nämlich genau berechnet, wieviel von der gebrauchten Quantität [an Säure] ... sich an das Silber gehänget und an dessen Gewicht vermehret habe“ [6, S. 242]. Dieses Stahlsche „pondus naturae“ hat später, im Jahre 1797, der französische Chemiker Joseph Louis Proust – in Anlehnung an Stahls Vorstellungen – als die „konstanten Proportionen“ der Salze bestimmt.
Die Fähigkeit der Säuren, Metalle aufzulösen und mit ihnen Salze zu bilden, führte Stahl auf das in den Metallen angeblich vorhandene Phlogiston zurück. Jene Metalle, die ihr Phlogiston locker gebunden enthalten, wie die unedlen Metalle, lösen sich in Säuren leicht auf; die edlen dagegen schwer. Metalle, die „ausgeglüht“ sind, lösen sich nach den Erfahrungen der Chemiker sehr schwer in Säuren – nach Stahl, weil sie ihr locker gebundenes Phlogiston bereits abgegeben haben [6, S. 291].
Es ist verwunderlich, daß sich Stahl neben seiner Tätigkeit als Leibarzt am Hofe Friedrich Wilhelms I. noch so intensiv mit diesen chemischen Problemen sowie mit theoretisch-chemischen Fragen beschäftigen konnte. Er hat auch noch chemisch experimentiert, wie sein letztes Buch auf chemischem Gebiet zeigt, das er in Berlin 1731, allerdings wieder in lateinischer Sprache publiziert hat. Es trägt den Titel „Experimenta, Observationes, Animadversiones CCC numero chymicae et physicae“, zu deutsch: 300 physikalische und chemische Experimente, Beobachtungen und Wahrnehmungen.

Stahl starb in Berlin am 14. Mai 1734. Der „Hallische gelehrte Anzeiger“ veröffentlichte über sein Ableben folgende Notiz:

Es hat dem Allerhöchsten gefallen, den weiland königlichen Hofrat und ersten Leibmedicum Dr. Georg Ernst Stahl am 14. Mai zwischen 12 und 1 Uhr zu Mittag nach einer elftägigen Schwachheit durch den Tod ... von dieser Welt zu fordern ... Nachdem nun derselbe eine stille Beerdigung ohne alle Parentation und ohne alles Leichengepränge verlanget, so haben wir demselben zufolge seinen Leichnam am 17. Mai ... in der hiesigen Kirche auf dem Friedrichswerder bestatten lassen. (Vgl. Fußnote 1)

Zur Bedeutung der chemischen Lehre Stahls für die Entwicklung der Chemie im 18. Jahrhundert

Ob das chemische Wirken Stahls zu seinen Lebzeiten oder später von Bedeutung für die Entwicklung der Chemie gewesen ist, darüber gehen die Meinungen der Wissenschaftshistoriker stark auseinander (Näheres dazu im nächsten Kapitel). Stellt man die Tatsache in den Mittelpunkt, daß Stahls Phlogiston, das ja die Grundlage seiner gesamten chemischen Theorie bildet, in Wirklichkeit gar nicht existierte, daß er alle Deutungen chemischer Umsetzungen, insbesondere die der Reduktions- und Oxidationsprozesse von einer Basis aus vornahm, die eigentlich falsch war, dann muß man zu dem Schluß kommen, daß seine Leistungen für die weitere Entwicklung der Chemie gar nicht so bedeutend gewesen sein können.

Dieser Annahme widerspricht jedoch die bereits eingangs genannte Tatsache, daß die Nachfolger Stahls, die bekanntesten Naturforscher des 18. Jh. in ganz Europa, die sich mit Chemie beschäftigten, seine chemische Lehre aufnahmen, ins Englische, Französische oder Schwedische übersetzten und auf ihrer Basis eine Fülle neuer chemischer Beobachtungen und Kenntnisse theoretisch deuteten. So wird die Zeit zwischen etwa 1700 und 1775 in der Chemiehistoriographie als Epoche der Phlogistontheorie bezeichnet und ihre Vertreter in England, Frankreich, Italien, Schweden, Deutschland als „Phlogistiker". Sogar der Franzose Antoine Laurent Lavoisier, der nach 1775 begann, die Fehler der Phlogistontheorie aufzudecken, war bis zu diesem Zeitpunkt „Phlogistiker" gewesen, und manche Naturforscher, wie Joseph Priestley oder Henry Cavendish haben sich noch nach dem „Sturz" der Phlogistontheorie Stahls zu dieser und nicht zu der neuen Oxidationstheorie Lavoisiers bekannt.

Aus all dem Genannten folgt, daß Stahls chemisches Hauptwerk für die Theorie der Chemie des 18. Jh. einen echten Fortschritt gebracht haben muß, daß seine Leistungen für die Entwicklung der Chemie insgesamt – trotz der falschen Annahme von der Existenz seines Phlogistons – von großer Bedeutung gewesen sein müssen. Worin bestand aber nun das Fortschrittliche, das ein „Fortschreiten“ in der Erkenntnis chemischer Umwandlungen Ermöglichende in Stahls Lehre?

Es bestand genau in jener neuen, für eine Vielzahl chemischer Vorgänge zutreffenden und daher allgemeingültigen „Erkenntnis“, die schon Stahl selbst als seinen wichtigsten Beitrag zur Weiterentwicklung der Chemie erkannt hatte: in der Erkenntnis, daß Verbrennung und „Verkalkung“ (Oxidation der Metalle) wesensgleiche chemische Vorgänge sind, die sich umkehren lassen, wodurch die Ausgangssituation wieder hergestellt werden kann. Die Verkalkung aller Metalle und die Reduktion der entstandenen „Kalke“ mittels Kohle zu den Metallen zurück; die Verbrennung von Schwefel zu „Schwefelsäure“ und deren Reduktion zum Schwefel zurück; die Auflösung der Metalle in Säuren und ebenfalls deren Reduktion (als Salze) zu den Metallen zurück – alle diese verschiedenartigen Vorgänge verstand Stahl vom Standpunkt seiner Phlogistonlehre aus als wesensgleiche Prozesse zu verdeutlichen und begreifbar zu machen. Es war die wirkliche Erkenntnis, daß Oxidation und Reduktion eng zusammenhängende Vorgänge sind, die sich umkehren lassen und die sich also gegenseitig bedingen.

Damit hatte Stahl den rein korpuskularmechanistischen Betrachtungsweisen, die die chemischen Vorgänge bis auf die verschiedenen Gestalten von Einzelpartikeln einer qualitativ gleichartigen Materie und die daraus gebildeten unterschiedlichen geometrischen Strukturen zurückführen wollten, sowie den Vertretern der Lehre von den 4 Elementen oder den 3 Prinzipien, die diese am Aufbau *aller* Stoffe beteiligt glaubten und daher chemische Umwandlungen vor allem als Dissolutionen, als Zerstörungen, als den Weggang eines oder mehrerer Elemente oder Prinzipien, betrachteten, eine theoretische Alternative entgegengesetzt. Diese knüpfte in einem gewissen Maß an die bisherigen Ansichten an, wies aber andererseits an den grundlegenden chemischen Prozessen von Oxidation-Reduktion deren Zusammenhang und damit an konkreten Beispielen die Tatsache nach, daß Stoffe, die oxidiert wurden, durch Reduktion mit Kohle in die Ausgangsstoffe zurückverwandelt werden, daß also chemische Umwandlungen sowohl analytische als auch synthetische Vorgänge sein können.

Da Stahl diesen Zusammenhang aus der Praxis der Erzverhüttung abstrahiert und seine Beobachtungen durch Experimente erhärtet hatte, war die Widerspiegelung dieses Zusammenhanges durch seine Theorie grundsätzlich richtig, auch wenn er nur einen Teil des Reduktionsprozesses, die Reaktion der Kohle mit dem Metallkalk beobachtet und daraus geschlußfolgert hatte, daß „etwas“ aus der Kohle beim Metallkalk bleibt, während ja in Wirklichkeit dieses „Etwas“, der Kohlenstoff, sich mit dem Sauerstoff des Metallkalks (-oxids) verbindet und mit diesem entweicht, wodurch letzterer erst zum Metall reduziert wird. Diesen weitergehenden Prozeß hat Stahl nicht beobachtet und untersucht, vor allem wohl deshalb, weil er natürlich auch noch den theoretischen Ansichten seiner Zeit verhaftet war, wonach die Verbrennung wie die Verkalkung eine Dissolution, eine Zerstörung, ein Entweichen von „Etwas“ war – wie sich ja auch rein äußerlich an der Entstehung von Flamme und „Rauch“ vermuten ließ. Das beobachtete Hinzutreten von „Etwas“ aus der Kohle hat Stahl dann logisch genutzt, es mit dem vermeintlich Entwichenen identifiziert und zu seiner Phlogistontheorie zusammengestellt. Er hat dadurch etwas für viele chemische Vorgänge grundsätzlich, aber nicht in den Einzelheiten, Richtiges erkannt.

Auf diese Weise wurde es ihm möglich, mit seiner Phlogistontheorie in der Entwicklung der Chemie erstmals eine Theorie anzubieten, die eine chemische Umwandlung als einen ganzen Prozeß begriff, bei dem sich ein in seiner chemischen Zusammensetzung hinlänglich definiertes Ausgangskorpuskel in seine konstituierenden, qualitativ verschiedenen Bestandteile zersetzte und dadurch die chemische Umwandlung verursachte. Andererseits konnten die zertrennten, verschiedenartigen Korpuskeln wieder vereint und der Ausgangsstoff in der ursprünglichen Qualität zurückgebildet werden. Da dieser Prozeß für sehr viele verschiedene chemische Reaktionen allgemeingültig ist, stand mit Stahls Phlogistontheorie, auch wenn sie falsch war und die Vorgänge „auf dem Kopfe stehend“ widerspiegelte, wie Engels einmal schrieb, eine erste chemische Theorie zur Verfügung, die von den Naturforschern angewendet werden konnte, um viele Erscheinungen ursächlich zu erklären (wobei natürlich auch diese Erklärungen „auf dem Kopfe“ standen).

Stahl hatte seine Lehre nicht durch Spekulationen „erfunden“, sondern war auf diese Zusammenhänge bei seinen Bemühungen gestoßen, wissenschaftlich-chemische Einsichten aus den damals vorwiegend empirisch betriebenen chemischen Gewerben zu gewinnen, um sie danach zu deren Nutzen wieder anzuwenden. In dieser Absicht, die gesellschaftliche Funktion der Chemie zu erweitern, hatte er ein neues, noch kaum bearbeitetes Feld für chemische Beobachtungen und Experimente erschlossen, aus deren theoretischen Abstraktionen es ihm gelang, die damalige Chemie aus ihrer sterilen, dem Spekulativen allzu sehr verhafteten theoretischen Enge herauszuführen.

Die Fehler und Unzulänglichkeiten von Stahls Phlogistonlehre aufzudecken, war Aufgabe der nächsten Chemikergeneration, die bei der Konfrontation mit neuen Beobachtungen und Forschungsergebnissen in Widerspruch zur Phlogistontheorie geraten mußte. Es ist hoch interessant, daß sich Stahls Anhänger, inbesondere Priestley und Cavendish in England, Macquer in Frankreich, Bergman oder Scheele in Schweden, aber auch viele andere, noch 75 Jahre nach Aufstellung der Phlogistontheorie durch Stahl bemühten, ihre neuen, manchmal direkt in Widerspruch zu dieser Lehre stehenden Ergebnisse, durch komplizierte Erklärungen und Zusatzhypothesen in diese Theorie einzupassen. Die Phlogistontheorie Stahls wirkte damit als ein „Paradigma" im Sinne der Kuhnschen Entwicklungslehre wissenschaftlicher Theorien. Den Grund zur Überwindung der Theorie trug diese in Form ihrer Unzulänglichkeit, die die objektive Realität nur unvollkommen widerspiegelte, in sich selbst.

Aber diese Theorie bot auch gleichzeitig die notwendige Voraussetzung zu einer wirklichen Weiterentwicklung der theoretischen Chemie dar. Im vorigen Kapitel wurde darauf hingewiesen, daß der historisch notwendige nächste Schritt, der in der Entwicklung der chemischen Theorie vollzogen werden mußte, darin bestand, endlich einmal *experimentell* zu bestimmen, welche Stoffe chemische „Elemente" im Sinne der Definition und damit auch welche chemische „Verbindungen" wären. Mit Stahls Phlogistontheorie war erstmals eine wesentliche Voraussetzung geschaffen worden, diesen Schritt vollziehen zu können; denn eine solche experimentelle Bestimmung war ja nur dann möglich, wenn ein grundlegender chemischer Prozeß theoretisch erfaßt wurde, bei dem „chemisch einfache" und „chemisch zusammengesetzte" Stoffe durch gegenseitige Umwandlung miteinander verknüpft waren. Eine solche Verknüpfung war durch Stahls Phlogistontheorie zum ersten Male in der Entwicklung der Chemie prinzipiell erfolgt – auch wenn sie noch fehlerhaft war. Als „die Zeit reif war“, als die Naturforscher seit Mitte des 18. Jh. insbesondere die verschiedenen gasförmigen Stoffe aus Stahls „Dunstkreisreich“ isoliert, deren Teilnahme bzw. ihr Entstehen bei den verschiedensten chemischen Vorgängen erkannt und sie zunächst „phlogistisch“ erklärt hatten, da bedurfte es „nur noch“ eines genialen Wissenschaftlers, der an den grundlegenden Vorgängen von Oxidation und Reduktion die Anteilnahme solcher gasförmigen Stoffe mit berücksichtigte, um Stahls theoretische Abstraktionen in allen Tei-

Herrn Georg Ernst Stahls,
Weyland Königl. Preußischen Hof-
Raths und vornehmsten Leib-
Medici &c. &c.
Gründliche und Nützliche
Schrifften,
Von der Natur, Erzeugung, Be-
reitung und Nutzbarkeit
des
Salpeters,
Mit denen hieher gehörigen
Kupfern, und vielen diensamen An-
merckungen vermehret,
und
wegen ihres unbeschreiblichen Nutzens
aus dem Lateinischen ins Teutsche
übersetzet.

Stettin und Leipzig,
Verlegts die Kunckelsche Handlung,
1748.

14 Titelblatt zu Stahls Arbeiten über den Salpeter

len zu Ende zu führen und die Phlogistontheorie „vom Kopf auf die Füße zu stellen".

Dieser geniale Wissenschaftler war Lavoisier, der die einzelnen Vorgänge beim Oxidationsprozeß rückgekoppelt mit denen des Reduktionsprozesses messend, wägend verfolgte. Auf diese Weise vermochte er es dann letztlich, am Beispiel der thermischen Reduktion von „Quecksilberkalk" zu Quecksilber und Sauerstoff und deren umgekehrter restloser Wiedervereinigung zu „Quecksilberkalk", die wirklichen Reaktionsteilnehmer zu ermitteln, an deren Masseveränderungen aber auch die „einfacheren" oder einfachen und die zusammengesetzten Stoffe, also die „Elemente" und die „Verbindungen" experimentell zu bestimmen.

Es gelang Lavoisier damit, jenen historisch notwendigen Schritt in der Entwicklung der chemischen Theorie zu vollziehen, der darin bestand, mit Hilfe qualitativer und quantitativer Methoden nachzuweisen, daß Stoffe wie die Metalle, Schwefel, Phosphor oder Sauerstoff in Wirklichkeit die elementaren Stoffe sind, die sich beim Rösten oder Verbrennen zu Verbindungen vereinigen. Erstmals vermochte er damit experimentell beweisbar zu bestimmen, welche Stoffe wirklich die seit der Antike geprägten Grundbegriffe „Element" und „Mischung" (Verbindung) erfüllen. Aber dieser Be- und Nachweis gelang Lavoisier letztlich auf der Basis der von Stahl entdeckten und theoretisch widergespiegelten gegenseitigen Bedingtheit und Umkehrbarkeit von Oxidation und Reduktion.

Stahls Leistungen im Urteil der Wissenschaftshistoriker des 19. und 20. Jahrhunderts

Das Phänomen, daß eine eigentlich falsche wissenschaftliche Theorie rd. 75 Jahre lang zu einer nützlichen theoretischen Grundlage eines Wissenschaftszweiges werden konnte, ja, daß eine Reihe offensichtlich werdender Widersprüche und Unzulänglichkeiten dieser Theorie für lange Zeit von der ihr anhängenden internationalen Forschergemeinschaft durch geschickte Erklärungen und Zusatzhypothesen beseitigt werden konnten[4], hat die Gemüter der Wissenschaftshistoriker des 19. wie des 20. Jh. bewegt. Beim Versuch der Deutung dieses Phänomens sind sie jedoch zu sehr verschiedenartigen Wertungen der Leistungen, die Stahl vollbracht hat, gekommen und haben die Rolle seiner Phlogistontheorie bei der Entwicklung der Chemie recht unterschiedlich eingeschätzt.

---

[4] Von solchen Widersprüchen und ihrer „Beseitigung" seien folgende angeführt: „Metallkalke" besitzen ein größeres Gewicht als die zum Rösten verwendeten Metalle, obgleich Phlogiston aus ihnen *entwichen* sein sollte. Stahl selbst hat diesen Widerspruch dadurch „beseitigt", daß er „Gewicht" und „spezifisches Gewicht" gleichsetzte. In [7, S. 88] erklärte er, daß das Phlogiston ein so leichter Stoff sei, daß es „durch seinen Beitritt fast alle Körper, darinnen es noch leichtlich scheidbar hängt, etwas leichter oder lokkerer mache". Er verglich es mit Kork, der, auf eine Eisenkugel aufgebunden ja auch bewirke, daß die Kugel „leichter" wird, da sie danach im Wasser nicht mehr untergeht. – Als J. Priestley 1774 den Sauerstoff als unabdingbare Voraussetzung jeder Verbrennung erkannte, bezeichnete er ihn als „dephlogistisierte Luft", als Luft, die so absolut frei von Phlogiston sei, daß sie begierig die Phlogistonpartikeln anderer Körper an sich ziehen und aufnehmen würde. – Als C. W. Scheele Verbrennungen unter mit Wasser abgesperrten Luftvolumina durchführte, jedoch feststellen mußte, daß die Volumina durch hinzutretendes Phlogiston nicht größer, sondern im Gegenteil kleiner geworden waren, ersann er die Hypothese, daß das freiwerdende Phlogiston sich mit dem Sauerstoff (bei ihm als „Feuerluft" bezeichnet) zu Wärme verbunden habe und durch das Glas entwichen sei. – T. Bergman in Schweden glaubte, daß das „brennbare Gas" (Wasserstoff), das bei Einwirkung von Schwefelsäure auf Metalle entsteht, aus letzteren freigesetzt worden sei. – Cavendish in England hielt dieses Gas überhaupt zunächst für isoliertes Phlogiston, das aus der „Verbindung" Metall (Metallkalk + Phlogiston) ausgetreten sei.

Nur die wenigsten Wissenschaftshistoriker haben dabei Stahls Werke, die den Gegenstand seines Theoretisierens sowie die Genesis seiner Phlogistontheorie sehr genau widerspiegeln, intensiver gelesen und ausgewertet. Sie legten im allgemeinen nur den Inhalt von Stahls Phlogistontheorie ihren Wertungen zugrunde und kamen dabei zu den unterschiedlichsten Meinungen über die Bedeutung ihres „Schöpfers".

So schrieb z. B. L. Darmstaedter 1926, wohl mit am wenigsten sachkundig,:

> Da kam G. E. Stahl, ein findiger Kopf, auf die Idee, eine Systematisierung in die Wege zu leiten, indem er, an Bechers brennbare Erde anknüpfend, die Hypothese aufstellte, daß in allen chemischen Körpern ein Brennstoff enthalten sei, durch den die Körper die Brennbarkeit erhielten und mittels dessen er den im Mittelpunkt der Diskussion stehenden Verbrennungsprozeß erklären zu können glaubte ... Das Phlogiston war das Alpha und Omega, das Mädchen für alles, aber was seine Natur war, das wußte auch sein Schöpfer Stahl nicht zu sagen, der ihm in seiner Verlegenheit zuletzt sogar die Kraft zuschrieb, die Schwere aufzuheben. Wenn er ... aus seinen Verbindungen ... kein Phlogiston isolieren konnte, und wenn er mangels Phlogiston diese Verbindungen nicht wieder herstellen konnte, da war er mit seinem Latein zu Ende, und dann suchte der „scharfe und metaphysische Kopf", wie ihn Haller nannte, sich mit dem metaphysischen Fabelwesen „Phlogiston" aus der Affäre zu ziehen... Und so weit ging er in seiner Voreingenommenheit, daß er bei der Verbrennung die Wirkung der Luft übersah und vor lauter Wald die Bäume nicht wahrnahm. [16, S. 71 f.]

Diesem Urteil steht die Meinung von A. Benrath zur Seite, der zur Genesis der Phlogistontheorie Stahls 1953 meinte:

> Die Phlogistontheorie, die sich aus alchemistischen Ideen entwickelt hat, ist ein typisches Beispiel für die mittelalterliche Tarnung der aufblühenden abendländischen Kultur durch die herrschende orientalische. [Stahl] nannte die Urhebung [der Brennbarkeit] Phlogiston und faßte dieses manchmal als orientalisch geistiges Wesen, manchmal als griechisches Elementarfeuer, manchmal als abendländischen Stoff auf ... Trotzdem gelang es mit Hilfe dieses unklaren Begriffs, zahlreiche chemische Erscheinungen zu erklären und zu beschreiben ... [17, S. 503]

L. Hogben schreibt der Phlogistontheorie Stahls sogar eine negative Rolle bei der Entwicklung der chemischen Wissenschaft im 18. Jh. zu:

> Die Phlogistontheorie, die den letzten Versuch zur Stützung der Elementnatur des Feuers bildete ... ist ein ausgezeichnetes Beispiel dafür, wie man Tatsachen mißbrauchen kann, um eine Theorie zu illustrieren, anstatt sie

zu beweisen... Diese Theorie zeichnet sich zwar durch die Eleganz ihrer Folgerungen aus ... Um sie zu widerlegen, wurde viel wertvolle Zeit vergeudet. [18, S. 516]

Und auch der Brite J. H. White vertrat in seiner umfangreichen Studie „The History of the Phlogiston-Theorie" 1932 die Ansicht, daß der Fortschritt in der Entwicklung der Chemie des 18. Jh. gewiß nicht von Stahls Phlogistontheorie herrührte, sondern daß sich im Gegenteil die Chemie trotz dieser Theorie entwickelt habe.

Diesen Einschätzungen, die sich noch vermehren ließen, stehen Urteile über Stahls Verdienste gegenüber, die von bedeutenden Wissenschaftshistorikern gefällt wurden, wie F. Gmelin, H. Kopp, E. v. Meyer, M. Speter oder auch H. Metzger. Sie sehen den Fortschritt, den Stahl für die Entwicklung der Chemie brachte, darin, daß er für eine Anzahl verschiedener chemischer Vorgänge die Analogie erkannte und sie durch seine Phlogistontheorie zum Ausdruck brachte. Engels hob an Stahls Leistung besonders hervor, daß sich mit der Phlogistontheorie die Chemie von der Alchemie emanzipierte [19].

Erst Hélène Metzger hat aber in einer umfassenden Untersuchung [20] aufgezeigt, daß Stahl auch mitten im Lager des wissenschaftlichen Fortschritts seiner Zeit stand, daß er an die neuen korpuskularen Vorstellungen anknüpfte, gegen das scholastische Erbe der „verborgenen Eigenschaften und okkulten Kräfte" ankämpfte. Sie sah seine Bedeutung für die Entwicklung der Chemie insbesondere darin, daß er

generell die Kalzination der Metalle und die Verbrennung organischer Körper oder des Schwefels identifizierte; ... indem er den Vorgang: die Brennbarkeit wird durch den Transport aus der Kohle ... in die Schwefelsäure überpflanzt, aus der nun Schwefel wird, überträgt auf die Metallkalke, die sich in Metall verwandeln [S. 179].

Dennoch charakterisierte aber auch H. Metzger mit dieser Einschätzung das eigentlich Wesentliche, die Entwicklung der Chemie Weiterführende noch nicht.

Leider geht auch eine 1982 publizierte Arbeit von E. Ströker [21], trotz inzwischen vorliegender neuerer Untersuchungen (vgl. [22, 23]), nicht über die Darlegungen von H. Metzger hinaus. Auch Ströker betrachtet es als Hauptverdienst Stahls, daß es ihm gelang, „höchst verschiedenartige Vorgänge *sämtlich als Verbrennungsvor-*

gänge zu erfassen und sie unter einem einheitsstiftenden Gesichtspunkt zu sehen“ [S. 96], daß die „Stärke der Stahlschen Phlogistontheorie“ darin bestand, „eine einheitliche Erklärung aller Verbrennungsvorgänge zu liefern“ [S. 116].

Leider beinhaltet auch diese Einschätzung nur die halbe Wahrheit. Stahl hatte das Wesentliche seines Beitrages zur Entwicklung der Chemie selbst viel besser erkannt, als er darauf hinwies, daß seine Lehre vom Phlogiston den Zusammenhang von Verbrennung bzw. Verkalkung und Reduktion der Körper deutlich machte. Der Zusammenhang zwischen Oxidation und Reduktion, die Umkehrbarkeit von zwei grundlegenden chemischen Vorgängen, die sich hundertfach spezifiziert in der Natur abspielen, aber alle ein und demselben Prinzip unterliegen, war durch Stahls Phlogistontheorie aufgedeckt worden und stand zur Erklärung all der verschiedenartigen Vorgänge, sogar einschließlich der Salzbildung bei der Einwirkung von Säuren auf Metalle, bereit. Viele chemische Umwandlungen konnten damit erstmals als chemische *Prozesse* zwischen verschiedenen, konkret benennbaren Reaktionspartnern begreifbar gemacht werden. Das war es, was gegenüber der Ausgangssituation in der Chemie zu Stahls Zeiten einen gewaltigen Fortschritt brachte, auch wenn Stahls Voraussetzungen von der Existenz seines Phlogistons gar nicht stimmten. Weil er das Prinzipielle, den Zusammenhang von Oxidation und Reduktion und ihre Umkehrbarkeit erkannt hatte, weil er sich dieses Prinzipielle nicht durch gelehrtes Spekulieren erdacht, sondern weil er es aus Beobachtungen in der gewerblichen chemischen Praxis sowie aus Experimenten abstrahiert hatte, war es in seiner Grundaussage richtig, wenn auch im Detail noch recht unzureichend.

Es muß in diesem Zusammenhang hervorgehoben werden, daß Stahls Hinwendung zur gewerblichen Praxis, sein Bemühen, in einer Zeit beginnender grundlegender sozialökonomischer Veränderungen die chemische Wissenschaft aus den bloßen Spekulationen der Theoretiker herauszulösen, sie mit dem chemischen Erfahrungsschatz gelehrter Praktiker wie Biringuccio, Agricola, Ercker, aber auch der Metallschmelzer zu verbinden und dadurch auf eine neue Entwicklungsebene zu führen, einen ganz wesentlichen Anteil an der Herausbildung der Phlogistontheorie gehabt haben – mit anderen Worten: daß sog. externale Faktoren die weitere Entwicklung der chemischen Theorie in Form der Phlogistontheorie nicht nur stimuliert, sondern sie auch in ganz bestimmte, durch die gesellschaftliche Entwicklung und deren neue Bedürfnisse vorgegebene Bahnen gelenkt haben.

Stahls Schüler sowie die nachfolgende Chemikergeneration konnten zunächst mit der Phlogistontheorie arbeiten, sie als ein „Paradigma" im Sinne Kuhns [24] nutzen. Daß dabei Widersprüche zur Phlogistontheorie sichtbar wurden, daß eine Reihe neuer Untersuchungsergebnisse, insbesondere aus der sich entwickelnden Chemie der Gase nur mit Mühe unter die theoretischen Vorstellungen subsumiert werden konnten, die die Phlogistontheorie implizierte, machte die Mängel dieser Theorie deutlich. Sie wurden letztlich durch Lavoisier überwunden. Aber auch er war zuerst Phlogistiker, und er konnte und mußte sich bei seinem revolutionären Akt einer neuen Umfangsbestimmung der Begriffe „Element" und „Verbindung" auf Stahls Phlogistontheorie stützen, weil sie es war, die als erste und einzige chemische „Theorie" damaliger Zeit einen inneren, logischen Zusammenhang zwischen der Umsetzung „einfacher" Stoffe zu „zusammengesetzten" Stoffen hergestellt hatte. Nur dadurch konnte dann letztlich die Erkenntnis gewonnen werden, daß Stahls „zusammengesetzte" Stoffe (wie die Metalle oder der Schwefel) „Elemente" waren, die sich beim Rösten oder Verbrennen mit anderen Elementen *verbinden*, wodurch die ganze Phlogistontheorie überwunden, aufgehoben werden konnte.

Aber sie hatte sich für die weitere Entwicklung der chemischen Wissenschaft keinesfalls als notwendiges Übel erwiesen; im Gegenteil hatte Stahl mit seiner Phlogistontheorie einen jener einleitend genannten Stützpfeiler gesetzt, von dem aus die Brücke zu einer neuen, höheren Erkenntnisstufe geschlagen werden konnte.

Chronologie

1648 Der Westfälische Frieden beendet den 30jährigen Krieg und besiegelt die Zersplitterung Deutschlands in 350 Fürstentümer und über 1000 kleinste Herrschaften.

1659 Am 22. Oktober G. E. Stahl in Ansbach getauft.

1679 Immatrikulation Stahls an der Medizinischen Fakultät der Universität Jena.

1684 Abschluß des Studiums mit einer medizinischen Dissertation.
Stahl hält an der Jenaer Universität Privatvorlesungen, auch über Chemie.

1687 Stahl wird Leibarzt des Herzogs Johann Ernst von Sachsen-Weimar.

1694 Stahls erste Ehe mit C. M. Miculci.
Berufung Stahls als 2. Professor der Medizin an die Universität Halle, wo er auch chemische Vorlesungen hält.

1697 Stahl publiziert die erste chemische Monatsschrift. Sie erscheint nur bis zum Sommer 1698.
Erscheinungsjahr von Stahls „Zymotechnia fundamentalis", der „Grunderkenntnis der Gärungskunst", in der er erstmals seine Phlogistonlehre darlegte, die dann rd. 50 Jahre lang zur herrschenden chemischen Theorie in Europa wurde.

1700 Druck der von Stahl betreuten Dissertation von J. Ch. Fritsch über die Grundlagen der Metallurgie, die auf Stahls Phlogistonlehre basiert und später in deutscher Übersetzung als Werk Stahls ausgegeben wurde.
Stahl wird bis 1701 Prorektor der Halleschen Universität.
Stahl publiziert bis 1703 insgesamt 8 Beiträge in den „Observationes selectis...", die von Ch. Thomasius und Buddaeus herausgegeben wurden.
Stahl wird zum Mitglied der „Leopoldina" ernannt und erhält den Beinamen „Olympiodoros".

1705 2. Ehe Stahls mit B. E. Tentzel.

1709 In Sachsen gelingt es dem vermeintlichen Alchemisten J. F. Böttger – unter Beratung und Anteilnahme von E. W. v. Tschirnhaus – erstmals in Europa weißes Porzellan herzustellen.

1710 Stahl wird bis 1711 Prorektor der Halleschen Universität.

1711 3. Ehe Stahls mit R. E. Wesener.

1713 Friedrich Wilhelm I. von Preußen, der sog. Soldatenkönig, tritt die Regierung an.

1715 Stahl wird an den Hof des preußischen Königs Friedrich Wilhelm I. als dessen Leibarzt und 1. Hofrat gerufen.

Stahl wird Präsident des Collegium medicum, der obersten Gesundheitsbehörde Preußens.

1718 Stahl publiziert sein Werk „Zufällige Gedanken ... über den Streit von dem sog. Sulphure“, das er zwecks allgemeinerer Verbreitung seiner Phlogistonlehre gleich in deutscher Sprache schrieb.

1723 Eröffnung des Collegium medico-chirurgicum an der Berliner Akademie, an dem der Schüler und Freund Stahls Dr. C. Neumann Chemievorlesungen hält.

1734 Stahls verstreute Darlegungen über den Salpeter werden, von einem Schüler Stahls zusammengefaßt, in deutscher Sprache herausgegeben. Stahl stirbt am 14. Mai in Berlin.

Literatur

Wichtige Werke von Stahl

Zitierte Ausgaben kursiv

Es muß hier für alle Zitate aus Stahls Werken angemerkt werden, daß aus Gründen der besseren Lesbarkeit an einigen Stellen heute völlig ungebräuchliche Worte durch sinngleiche ersetzt worden sind.

[1] Zymotechnia fundamentalis seu fermentationis theoria generalis. Halle 1697. In dt. Übersetzung: Zymotechnia fundamentalis oder Allgemeine Grunderkenntnis der Gärungskunst. *Frankfurt/Leipzig 1734,* Stettin/Leipzig 1748.

[2] De ortu venarum metalliferrarum (Propemt. Inaug.). Halle 1700. In dt. Übersetzung: Von dem Ursprunge der metallischen Gänge, in: Anweisung zur Metallurgie, Leipzig 1720, *Leipzig 1744.*

[3] Observationum chymico-physico-medicarum curiosarum mensibus singulis bono cum Deo continuandarum ... Frankfurt/Leipzig 1697–1698.

[4] Specimen Becherianum, fundamentorum, documentorum, experimentorum subjunxit. In: Becher, J. J.: Physica subterranea, Leipzig 1703, Leipzig 1738. In dt. Übersetzung: Einleitung zur Grundmixtion derer unterirdischen, mineralischen und metallischen Körper ... Leipzig 1720, *Leipzig 1744.*

[5] Zufällige Gedanken und nützliche Bedenken über den Streit von dem sogenannten Sulphure ... Halle 1718, *Halle 1747.* In franz. Übersetzung: Traité de soufre. Paris 1766 (übersetzt von d'Holbach).

[6] Ausführliche Betrachtung und zulänglicher Beweiß von den Saltzen, daß dieselbe aus einer Zarten Erde mit Wasser innig verbunden, bestehen. *Halle 1723,* Halle 1765. In franz. Übersetzung: Traité du sels ... Paris 1770 (übersetzt von d'Holbach).

[7] Billig Bedenken, Erinnerung und Erläuterung über D. Bechers Naturkündigung der Metalle. Frankfurt/Leipzig 1723.

[8] Bedenken von der Goldmacherei. Einleitung zu: Becher, J. J.: Chymischer Glückshafen, Halle 1726, Leipzig 1725.

[9] Bedenken von der Goldmacherei. In: Becher, J. J.: Chymische Concordanz, Leipzig 1755.

[10] Experimenta, Observationes, animadversiones CCC numero chymicae et physicae. Berlin 1731.

[11] Ars tinctoria fundamentalis oder gründliche Anweisung zur Färbekunst. Jena 1703. Vorrede: An den kunstliebenden Leser.

[12] Gründliche und nützliche Schriften von der Natur, Erzeugung, Bereitung und Nutzbarkeit des Salpeters. Stettin/Leipzig 1748.

Andere Literatur

[13] Juncker, J.: Vollständige Abhandlung der Chemie, Teil 1. Halle 1749.

[14] Miesner, H.: Beziehungen zwischen den Familien Stahl und Bach. Bachjahrbuch 1933, S. 71.

[15] Koch, Richard: G. E. Stahl. In Bugge, G.: Das Buch der großen Chemiker, Bd. 1, Weinheim/Bergstraße 1929, S. 193.

[16] Darmstaedter, L.: G. E. Stahl. In: Naturforscher und Erfinder, Bielefeld/Leipzig 1926.

[17] Benrath, A.: Das Ende der Phlogistontheorie. Chemiker-Zeitung 15, 1953.

[18] Hogben, L.: Mensch und Wissenschaft. Bd. 1. Zürich 1948.

[19] Engels, F.: Dialektik der Natur. Berlin 1955.

[20] Metzger, H.: Newton, Stahl, Boerhaave et la doctrine chimique. Paris 1930.

[21] Ströker, E.: Theoriewandel in der Wissenschaftsgeschichte. Frankfurt am Main 1982.

[22] Strube, I.: Die Phlogistonlehre G. E. Stahls in ihrer historischen Bedeutung. NTM, Z. Gesch. Naturwiss., Techn., Med., Berlin, 1 (1961) 2, S. 27–61.

[23] Strube, I.: Zum Problem der Einheit von historischer und logischer Entwicklung der chemischen Theorien im 18. Jh. NTM, Schriftenr. Gesch. Naturwiss., Techn., Med., Leipzig, 4 (1967) 10, S. 95–106.

[24] Kuhn, Th. S.: The Structure of Scientific Revolutions. Chicago 1962.

Personenregister

Biographien
hervorragender Naturwissenschaftler,
Techniker und Mediziner

F. Herneck, Berlin

Hermann Wilhelm Vogel

121 Seiten mit 12 Abbildungen. (Band 71)
Kartoniert 6,80 M; Ausland 8,60 M
Bestell-Nr. 666 193 9 Bestellwort: Herneck, Vogel

Inhalt:
Einleitung · Lern- und Lehrjahre · Auf dem Weg zur Photographie · Organisator, Forscher und Lehrer · Das Lehrbuch der Photographie · Photowissenschaftliches Kompendium in sechs Sprachen · Die Entdeckung der optischen spektralen Sensibilisierung · Wissenschaftlicher Schriftsteller mit breitgefächerter Thematik · Professor an der Technischen Hochschule in Charlottenburg · Ausklang · Chronologie

W. Stolz, Freiberg

Otto Hahn – Lise Meitner

97 Seiten mit 20 Abbildungen. (Band 64)
Kartoniert 4,80 M; Ausland 6,80 M
Bestell-Nr. 666 142 9 Bestellwort: Stolz, Hahn/Meitner

Inhalt:
Radioaktivität · Studienjahre und erste wissenschaftliche Erfolge · Die Arbeitsgemeinschaft Hahn-Meitner · Die Entdeckung der Kernspaltung · Nach dem zweiten Weltkrieg · Ausblick · Chronologie

E. Wächtler, Freiberg, W. Mühlfriedel, Jena und W. Michel, Magdeburg

Erich Rammler

108 Seiten mit 6 Abbildungen. (Band 25)
Kartoniert 5,- M; Ausland 7,50 M
Bestell-Nr. 665 775 3 Bestellwort: Waechtler, Rammler

Inhalt:
Kindheit und Jugend · Berufswahl und Studium · Doktorand und Versuchsingenieur · Mitarbeiter im Büro und Laboratorium von Prof. Rosin in Dresden – Die erste Reise in die Sowjetunion · Demütigungen und Konflikte im Faschismus – Die Exponentialformel · Ein neuer Anfang · Ein Lebenswunsch erfüllt sich · Der Braunkohlenhochtemperaturkoks · Fest an der Seite der Arbeiterklasse · Jahre der Vollendung · Ehrungen

O. Wołczek, Warschau

Maria Skłodowska-Curie und ihre Familie

4. Auflage. 136 Seiten mit 28 Abbildungen. (Band 29)
Kartoniert 6,50 M; Ausland 8,60 M
Bestell-Nr. 665 833 4 Bestellwort: Wołczek, Curie

Inhalt:
Träume und Wirklichkeit · Das große Paris · Pierre und Maria · Radioaktivität · Einsam auf dem Gipfel des Ruhms · Perspektiven

BSB B. G. Teubner Verlagsgesellschaft · Leipzig

Lieferbare Bände über Physiker und Chemiker in dieser Reihe:

Band	Autor und Titel	Preis	Bestell-Nr.
5	Schütz: M. Faraday	4,35	665 165 0
7	Schütz: M. W. Lomonossow	5,45	665 547 5
11	Kauffeldt: O. v. Guericke	5,60	665 663 8
14	Herneck: A. Einstein	5,00	665 699 6
16	Heinig: C. Schorlemmer	4,70	665 721 9
19	Schmutzer/Schütz: G. Galilei	6,90	665 744 6
22	Werner: W. Weber	3,50	665 772 9
25	Wächtler/Mühlfriedel/Michel: E. Rammler	5,00	665 775 3
27	Wußing: I. Newton	6,90	665 834 2
30	Rodnyj/Solowjew: W. Ostwald	18,50	665 774 5
49	Goetz: G. Chr. Lichtenberg	6,80	665 986 3
58	Cassebaum: C. W. Scheele	6,80	665 990 0
62	Dunsch: H. Davy	4,80	666 111 1
64	Stolz: O. Hahn und L. Meitner	4,80	666 142 9
65	Ullmann: E. F. F. Chladni	4,80	666 143 7
69	Schierhorn: W. Friedrich	4,80	666 141 0